Georg Kern, Norbert Lang, Georg Mann

Fahrzeugtechnik

Lernfelder 1–4

Fahrzeugservice

Montagetechnik

Elektrotechnische Systeme

Steuer- und Regelsysteme

Arbeitsbuch

4. Auflage

Bestellnummer 01518

Bildungsverlag EINS

Haben Sie Anregungen oder Kritikpunkte zu diesem Produkt?
Dann senden Sie eine E-Mail an 01518_004@bv-1.de
Autoren und Verlag freuen sich auf Ihre Rückmeldung.

VORWORT

Die lernfeldorientierten Lehrpläne für den Kfz-Mechatroniker verlangen von unseren SchülerInnen ein erweitertes Spektrum ihrer Kompetenzen. Gleichwertig zur **Fachkompetenz** werden zusätzlich **Sozialkompetenz, Methodenkompetenz, Lernkompetenz und Kommunikationsfähigkeit** gefordert.

Der hohe Stellenwert der Fachkompetenz sollte jedoch vorrangig sein und wird von uns besonders berücksichtigt. Wir legen weiterhin auch Wert auf **bewährte Lernunterlagen**.

Die kognitiven Lerninhalte der jeweiligen Lernsituation sind so vorstrukturiert und pädagogisch aufbereitet, dass die SchülerInnen diese anhand ihrer Arbeitsblätter selbstständig bearbeiten und wiederholen können. Durchgängig handlungsorientierte Praxisbeispiele entsprechen den geforderten Lehrplanvorgaben. Zahlreiche Hinweise und Handlungsanweisungen geben der Lehrkraft und den SchülerInnen die Gelegenheit, die geforderten neuen Unterrichtsformen einzusetzen und die neuen Lernformen anzuwenden: Gruppenunterricht und Teamarbeit, Mindmapping, Schülerpräsentation, Erstellen von Plakaten, Anwendung der Datenverarbeitung, Internetrecherche usw.

Die Rechenanteile sind integrativ in die entsprechenden Handlungs- und Lernsituationen eingebunden.

Pfaffenhofen, Januar 2012

Die Autoren

www.bildungsverlag1.de

Bildungsverlag EINS GmbH
Hansestraße 115, 51149 Köln

ISBN 978-3-427-01518-5

Inhaltsverzeichnis

Aus dem Inhalt der DVD Zusatzmaterialien

Fahrzeugservice
Gefahrstoffblätter (z. B. Bremsenreiniger, Felgenreiniger, Spezialreiniger), Kraftfahrzeugsteuer, Felgenbezeichnungen, Schnittbild Kraftfahrzeug, BGI 689 – Fahrzeughebebühnen

Montagetechnik
Warum Mind Maping? Verantwortliche für die Sicherheit am Arbeitsplatz, Rissprüfung durch Eindringverfahren, Bedienung Drehmomentschlüssel, Schrauben-Anzugsdrehmoment und Drehwinkel, Schraubensicherung, Korrosion, HeliCoil Gewindetechnologie und Reparaturanleitung

Elektrotechnische Systeme
Klemmenbezeichnungen, Projekt Prüfstecker (13-polig)

Steuer- und Regelsysteme
Schaubilder, MTS – Modulares Türsteuerungssystem, Systeme und Komponenten in Nutzfahrzeugen

Videos zum Unfallschutz
Erste Hilfe, Gefährdungen in Kfz-Werkstätten, Brandschutz/Brandbekämpfung, Schweißen, Schleifen, Lackieren: Vorbereitende Arbeiten

Formulare/Fahrzeugschein
Arbeitsplan, Anzugsmoment-Drehwinkel-Diagramm, Zulassungsbescheinigung Teil I

Links
Arbeit und Gesundheit, Pkw-Hersteller, Lkw-Hersteller, Zweiradhersteller, Fahrzeugkomponenten und Werkstattbedarf

Quellenverzeichnis

Den nachfolgend aufgeführten Firmen danken wir für die Überlassung von Informationsmaterial, Fotos, Vorlagen und fachlicher Beratung:

Audi AG, Ingolstadt
BGE, Berufsgenossenschaft für den Einzelhandel, www.bge.de
Böllhoff Verbindungstechnik, Bielefeld
Bosch GmbH, Karlsruhe
Conrad Elektronik, www.conrad-elektronic.de
Continental AG, Hannover, www.conti-online.com
DaimlerChrysler MediaServices
Festo Didactic, Denkendorf
Hahn + Kolb Werkzeuge GmbH, Stuttgart
Hella KGaA Hueck & Co, Lippstadt
Mahr, Esslingen, www.mahr.com
MEV Verlag GmbH, Augsburg
Vereinigung der Metall-Berufsgenossenschaften, www.vmbg.de
WABCO Fahrzeugsysteme GmbH, Hannover

Name: Klasse: Datum: Blatt:

Eine gute Kundin, Frau Muster, kommt mit ihrem Fahrzeug in die Werkstatt. Ihr Auto ist zur 120 000-km-Inspektion angemeldet. Sie werden für ihren Auftrag zuständig sein. In diesem Kapitel werden Sie mit allen notwendigen Hintergründen von Fahrzeugwartung und einfachen Reparaturen vertraut gemacht. Sie erfahren mehr über den Umgang mit verschiedenen Kundentypen.

Fahrzeugservice

Erledigt:

Der Arbeitsplatz

Der Kundendienst

Der Motor

Organisation eines Autohauses

LERNFELD 2 3 4

Name: | Klasse: | Datum: | Blatt:

Sie sollen den Aufbau von Kleinbetrieben und großen Autohäusern kennen lernen. Dazu brauchen wir Informationen über viele Betriebe. Sie beschaffen mithilfe des Fragebogens die erforderlichen Daten und Zahlen von Ihrem Ausbildungsbetrieb. Sprechen Sie hierzu mit dem für Sie verantwortlichen Ausbilder.

Vorbereitung: *Sie werden mit Ihrem „Chef" einen Termin vereinbaren. Seine Zeit ist knapp. Bereiten Sie sich also auf das Gespräch vor. Erklären Sie ruhig und sachlich worum es Ihnen geht. Stellen Sie ihm nur Fragen, die Sie nicht selbstständig beantworten können. Fragen Sie nach, wenn Sie etwas nicht verstanden haben.*

a) Mein Ausbildungsbetrieb

Name des Betriebes: ....

Anschrift: ....

Inhaber: ....

Geschäftsform: (z. B. GmbH, OHG ...) ....

Gründungsjahr/Umzüge: ....

Vertragswerkstatt, wenn ja, welche Marken: ....

Tätigkeitsfelder: Verkauf von ☐ Neuwagen ☐ Gebrauchtwagen ☐ Ersatzteilen

☐ Kfz-Reparaturen ☐ Fahrzeugwartung ☐ Vermietung von Fahrzeugen ☐ Fahrzeugleasing

☐ Importfahrzeuge ☐ Sonstiges

Gesamte Mitarbeiterzahl des Betriebes:	______	Betriebsgröße in m²: (fragen, notfalls schätzen)	______
davon sind Auszubildende:	______	Verkaufs-/Ausstellungsfläche:	______
Facharbeiter, Werkstatt:	______	Büro/Verwaltung:	______
Facharbeiter, Lager:	______	Werkstatt:	______
Verwaltung:	______	Lager:	______
Fahrzeugverkauf:	______	Freigelände:	______
Sonstige:	______	Sonstiges:	______

b) Vergleichen Sie die Hierarchien der beiden Betriebe.

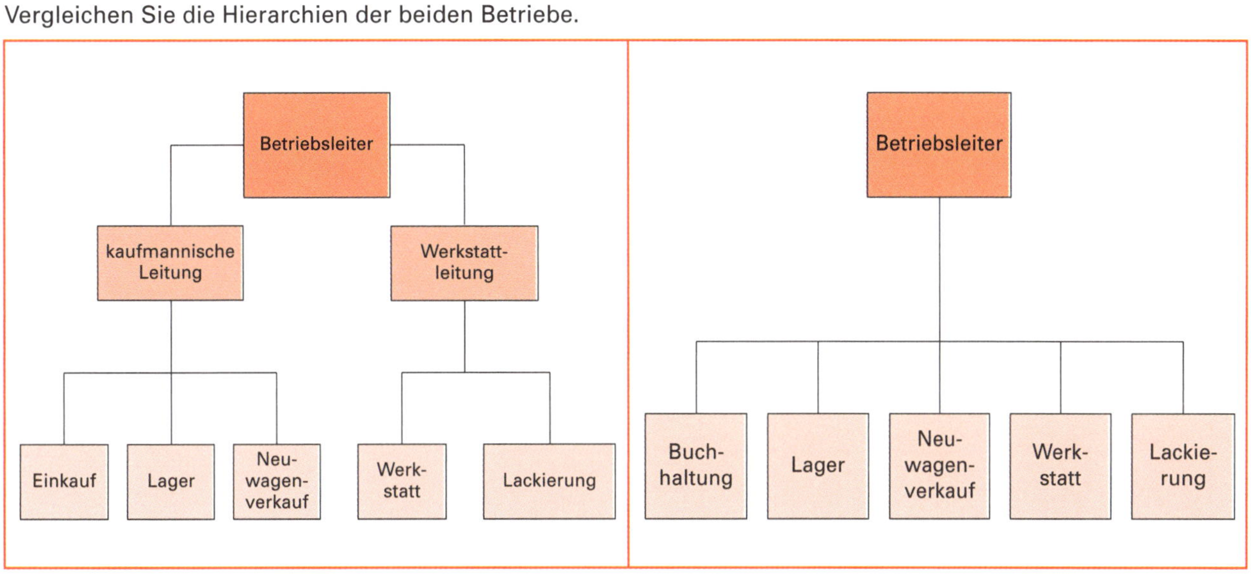

c) Skizzieren Sie den Aufbau Ihres Ausbildungsbetriebes. Bei großen Firmen nennen Sie nur die Abteilungen und die wichtigsten Namen. Wenn es sich nur um ein kleines Autohaus handelt, dann nennen Sie alle Namen und Tätigkeitsschwerpunkte. Fertigen Sie erst einen Entwurf.

d) Fertigen Sie von Ihrem Firmengelände einen Plan in Draufsicht an. Achten Sie auf die Proportionen. In der Werkstatt sollen die Hebebühnen deutlich erkennbar sein. Wenn möglich, arbeiten Sie mit den anderen Auszubildenden aus Ihrem Betrieb zusammen.

Sie haben sich Ihren Ausbildungsberuf in einer Dienstleistungsbranche gewählt. Der Kunde ist hier die einzige Existenzgrundlage für Ihren Betrieb. Nur durch ihn kann das Unternehmen und damit auch jeder einzelne Mitarbeiter überleben. Ein unzufriedener Kunde kann sich jederzeit eine andere Werkstatt suchen. Die Werkstatt jedoch muss ihre Kunden immer zufrieden stellen. Neue Kunden zu gewinnen erfordern einen guten Ruf und viel Werbeaufwand.

a) Es gibt drei beteiligte Parteien, die in der Autowerkstatt miteinander Handel treiben. Der Unternehmer, der Kunde und der Kfz-Mechatroniker. Stellen Sie für jede Partei fest, was sie haben möchte und was sie dafür geben muss.

Partei	Was will sie haben?	Was muss sie dafür geben?
Unternehmer	Geld (Gewinn)	Geld (Lohn und Kosten gute Arbeitsbedingungen
Kunde	Qualität; gute Arbeit; freundliche Bedienung	Geld
Kfz-Mechatroniker	Geld (Lohn); sicheren Arbeitsplatz; gute Arbeitsbedingungen	Qualität, gute Arbeit Freundlichkeit, Zuverlässigkeit

Der Mensch kann sich Zusammenhänge, die als Bild dargestellt werden, leichter und besser merken. Diese Technik kann auch Ihnen das Lernen erleichtern.

b) Erstellen Sie auf einem neuen Blatt ein Schaubild von den gerade gefundenen Zusammenhängen im Betrieb. Stellen Sie die beteiligten Personen als Eckpunkte eines Dreiecks dar. Verbinden Sie die Beteiligten mit Pfeilen, so dass zu erkennen ist, wer etwas von wem bekommt.

Ein Kunde betritt unangemeldet die Werkstatt. Er hat ein technisches Problem mit seinem Fahrzeug. Sie sind als einziger in der Werkstatt, der Werkstattmeister ist gerade auf einer Probefahrt.

c) Wie verhalten Sie sich **garantiert falsch**?

Ich beachte den Kunden nicht; ich schaue ihn nicht od. nur unfreundlich an. Ich grüße den Kunden nicht, ich frage ihn nicht, was ich für ihn tun kann.
Ich sag ihm nicht, das der Meister gleich wieder kommt.
Ich bitte ihn nicht, im Büro Platz zu nehmen.

d) Formulieren Sie aus den gerade genannten Fehlern Leitregeln für den Umgang mit Kunden.

Ich grüße jeden Kunden freundlich.
Ich schaue ihm dabei freundlich ins Gesicht.
Wenn er sich ratlos umsieht, dann frage ich ihn, ob ich ihm helfen kann. Wenn ich ihm nicht selber helfen kann, dann kümmere ich mich darum, dass es ein anderer tut.
Wenn es zu einer Wartezeit kommt, dann biete ich dem Kunden einen Sitzplatz an.

Ihr Meister und der Kunde stehen gemeinsam auf dem Hof. Sie werden hinzugerufen und in das Gespräch über die Ausführung der Reparatur eingebunden. Anschließend sollen Sie das Auto des Kundens in die Werkstatt fahren.

e) Nennen Sie Eigenschaften und Verhaltensweisen, die beim Kunden in dieser Situation eine positive bzw. negative Meinung über die Mitarbeiter des Betriebs hervorrufen können.

Positiv	**Negativ**
gepflegtes Aussehen	gleichgültiges Verhalten
freundliches Verhalten	Unpünktlichkeit
interessiertes Auftreten	Unzuverlässigkeit
gute sprachliche Ausdrucksweise	unzureichende Fachkenntnisse
saubere Hände, Schonbezug	schmutzige Hände und Bekleidung
relativ saubere Bekleidung	unsicherer od. rasanter Fahrstil
ruhige und routinierte Fahrweise	

f) Spielen Sie die Szene mehrfach in beiden Varianten mit Ihren Mitschülern nach. Wechseln Sie dabei immer die Rollen. Achten Sie besonders auf den Eindruck, den der „Auszubildende" bei Ihnen hinterlässt.

Sie finden hier den Ablauf eines Kundenauftrags (Inspektion) in einer Autowerkstatt. Er zeigt die Phasen von der ersten Kontaktaufnahme bis zur Abfahrt des Kundens mit einem Ersatzfahrzeug. Übernehmen Sie diese Schritte auf ein A3-Papier und führen Sie sie passend für Ihren Betrieb bis zur Rückgabe des Fahrzeugs an den Kunden weiter.

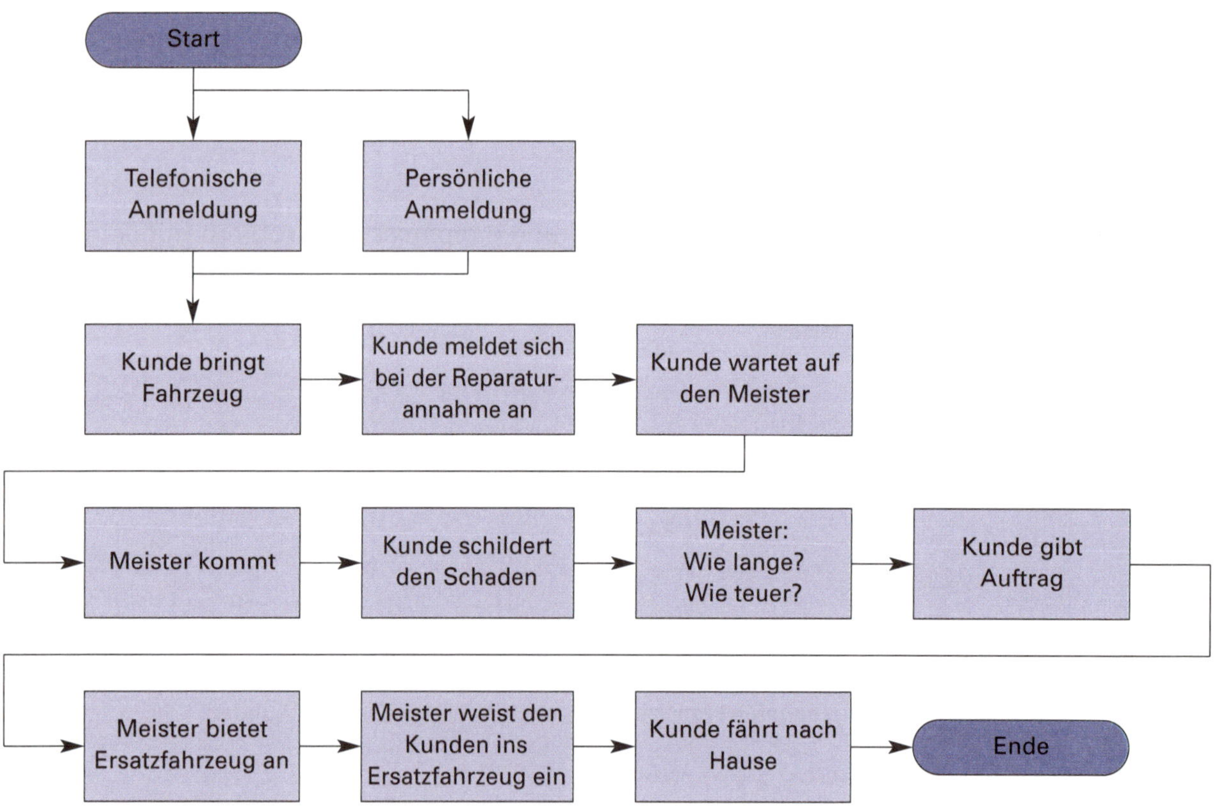

Wenn man den gesamten Ablauf verbessern möchte, ist es sinnvoll, ihn in viele kleine Abschnitte zu zerlegen und diese einzeln zu verbessern.

g) Markieren Sie alle Abschnitte, an denen Sie als Auszubildender in Ihrem Betrieb beteiligt sein können. Überlegen Sie schriftlich mit einem Partner, wie Sie die einzelnen Abschnitte kundenfreundlicher gestalten können.

h) Die Ergebnisse der Klasse werden an der Tafel zusammengefasst. Sortieren Sie die doppelten Ergebnisse aus. Erklären Sie dabei, was Sie sich bei den einzelnen Punkten gedacht haben.

Name: Klasse: Datum: Blatt:

Zur Reinigung von Motorteilen und zum Entfetten von Bremsscheiben verwendet man in der Werkstatt Bremsenreiniger. Dieser vielseitige Hilfsstoff ist in der Handhabung aber nicht ganz ungefährlich. Alle wichtigen Hinweise für den gefahrlosen Umgang kann man aus dem Sicherheitsdatenblatt entnehmen.

Hinweis: *Arbeiten Sie mithilfe des Sicherheitsdatenblattes auf Ihrer DVD sowie mit dem Tabellenbuch.*

a) Name des verwendeten Bremsenreiniger-Produktes:

b) Wo können Sie Bremsenreiniger in der Werkstatt sinnvoll einsetzen?

c) Erklären Sie die Bedeutung der abgebildeten Gefahrstoffsymbole.

F

Xi

N

d) Welche Hinweise zur Handhabung werden zu dem Produkt gegeben?

1. Gefahren für den Menschen

e) Welche Gesundheitsschäden kann Bremsenreiniger beim Menschen verursachen?

f) Welche Erste-Hilfe-Maßnahmen werden vom Hersteller empfohlen?

g) Welcher telefonische Notfalldienst (Giftnotruf) wird für solche Fälle angeboten?

2. Gefahren für die Umwelt

h) Welche Gefahren gehen vom Bremsenreiniger für die Umwelt aus?

i) Beim Nachfüllen aus dem Fass wurde Bremsenreiniger verschüttet. Was ist zu tun?

j) Welche Maßnahmen sind zu ergreifen, wenn Bremsenreiniger in Brand gerät? Begründen Sie Ihre Antwort.

k) Auf welche Art kann Bremsenreiniger sachgerecht entsorgt werden?

l) Welche weiteren gefährliche Hilfsstoffe kennen Sie aus Ihrem Ausbildungsbetrieb oder aus der Berufsschule?

Nehmen Sie mit den Herstellerfirmen Kontakt auf und bitten Sie diese, Ihnen die *Sicherheitsdatenblätter* für ihre Produkte aus dem Kfz-Werkstattbereich zuzuschicken. Nutzen Sie dazu, wenn möglich, moderne Wege wie E-Mail oder Internet-Downloads.

m) Erstellen Sie für jeden Hilfsstoff ein leicht verständliches Informationsblatt (Format DIN A3), aus dem alle notwendigen Informationen für einen sicheren Umgang hervorgehen. Bewerten Sie Ihre Arbeit nach der Vorstellung gegenseitig. Die Gefahrstoffsymbole finden Sie im Internet.

n) Erklären Sie die Bedeutung der folgenden Gefahrensymbole, die sich auf den Verpackungen der verschiedenen Hilfsstoffe befinden.

E

C

F+

O

T

Xn

Name: | Klasse: | Datum: | Blatt:

Bei Reparatur und Wartung von Kraftfahrzeugen fallen unterschiedliche Wert- und Abfallstoffe an. Wenn diese nicht ordnungsgemäß behandelt werden, entstehen Umweltschäden und es gehen wertvolle Rohstoffe verloren. Menschen können Gesundheitsgefahren ausgesetzt werden und erkranken.

a) Welche Bauteile und Flüssigkeiten werden bei der Wartung ausgewechselt und fachgerecht entsorgt?

b) Nennen Sie weitere Reststoffe und Gegenstände, die beim Betrieb einer Werkstatt entsorgt werden müssen.

Am 07.10.1997 trat das neue Kreislaufwirtschafts- und Abfallgesetz (KrW-/AbfG) in Kraft. Hier ist der Umgang mit allen gewerblichen Abfällen geregelt. Sie finden eine Zusammenstellung des Wichtigsten für Autowerkstätten auf Ihrer DVD.

c) Benennen Sie die drei Grundsätze der Kreislaufwirtschaft in den linken Feldern.

d) Geben Sie zu jeder Stufe der Kreislaufwirtschaft drei Beispiele an.

Abfälle

wenn das nicht möglich ist, dann

Abfälle

wenn das nicht möglich ist, dann

Abfälle

e) In Kfz-Werkstätten fallen zweierlei Arten von Altöl an, die auch getrennt gesammelt werden. Erklären Sie die Unterschiede und Verwendungsmöglichkeiten.

Altöl **bekannter** Herkunft:	
Verwendungsmöglichkeit:	
Altöl **unbekannter** Herkunft:	
Verwendungsmöglichkeit:	

f) In der Bundesrepublik sind ca. 54 Millionen Kraftfahrzeuge zugelassen. Im Durchschnitt bekommt jedes Kfz nur einen Motorölwechsel mit Ölfilter pro Jahr.

- Berechnen Sie die jährlich anfallende Altölmenge in Liter und m^3 sowie die benötigte Anzahl von Tanklastzügen, um das Altöl abzutransportieren.
- Berechnen Sie das Gesamtgewicht der Ölfilter (500 g pro Stück) in kg sowie die darin noch enthaltene Altölmenge (100 cm^3 pro Filter) in Liter. Wie viele Lastkraftwagen (größtmögliches Gesamtgewicht) benötigt man für den Abtransport?
  Einige für die Berechnung notwendigen Daten fehlen. Ermitteln Sie diese Daten mit dem Tabellenbuch (Vorschriften, Gesamtgewicht). Die Zuladungen und Füllmengen werden von Ihnen geschätzt.

Ges.:

Geg.:

Lös.:

Ges.:

Geg.:

Lös.:

g) Erklären Sie mit Hilfe eines Lexikons den Begriff „Recycling".

h) Welche Vorteile hat Recycling für den Betrieb und die Umwelt?

Zu jedem Kraftfahrzeug gehören mehrere individuelle Fahrzeugdokumente. Sie werden im Rahmen Ihrer Ausbildung mit allen zu tun haben.

a) Nennen Sie die vier Dokumente, die zu jedem Kraftfahrzeug gehören. Geben Sie die Verwendungszwecke, die Wichtigkeit und den Aufbewahrungsort an.

Dokument:	**Verwendungszweck/Aufbewahrungsort:**

Die Zulassungsbescheinigung Teil 1 ist ein Dokument. Wenn sie verloren geht, muss sie über die Zulassungsstelle neu beantragt werden. Das ist mit Gebühren und Formularen verbunden.

b) Was denkt der Kunde über die Werkstatt, wenn diese ein solches Dokument verliert?
Welche Verhaltensregeln sollten für den Umgang mit diesem Dokument gelten?

Bei jeder Auftragsannahme benötigen Sie die Zulassungsbescheinigung Teil 1 des Kundenfahrzeugs. Die Daten, die Sie hier finden, beschreiben das Auto eindeutig. Nur mit dem genauen Fahrzeugtyp finden Sie die passenden Fahrzeugdaten und können die richtigen Ersatzteile bestellen. Für den Profi stecken noch viel mehr Informationen in diesem Dokument.

c) Entnehmen Sie der Zulassungsbescheinigung Teil 1 die folgenden Daten.

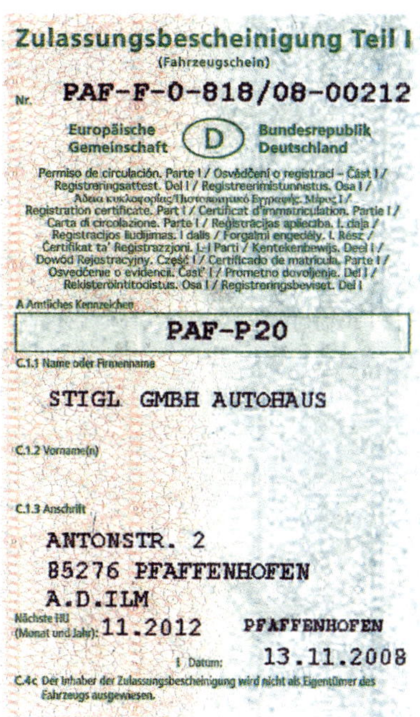
Zulassungsbescheinigung Teil I
(Fahrzeugschein)
Nr. PAF-F-0-818/08-00212
Europäische Gemeinschaft (D) Bundesrepublik Deutschland
Permiso de circulación. Parte I / Osvědčení o registraci – Část I / Registreringsattest. Del I / Registreerimistunnistus. Osa I / Registration certificate. Part I / Certificat d'immatriculation. Partie I / Carta di circolazione. Parte I / Reģistrācijas apliecība. I. daļa / Registracijos liudijimas. I dalis / Forgalmi engedély. I. Rész / Ċertifikat ta' Reġistrazzjoni. L-I Parti / Kentekenbewijs. Deel I / Dowód Rejestracyjny. Część I / Certificado de matrícula. Parte I / Osvedčenie o evidencii. Časť I / Prometno dovoljenje. Del I / Rekisteröintitodistus. Osa I / Registreringsbeviset. Del I
A Amtliches Kennzeichen: PAF-P20
C.1.1 Name oder Firmenname: STIGL GMBH AUTOHAUS
C.1.2 Vorname(n)
C.1.3 Anschrift: ANTONSTR. 2, 85276 PFAFFENHOFEN A.D.ILM
Nächste HU (Monat und Jahr): 11.2012
PFAFFENHOFEN
Datum: 13.11.2008
C.4c Der Inhaber der Zulassungsbescheinigung wird nicht als Eigentümer des Fahrzeugs ausgewiesen.

Amtliches Kennzeichen: ______

Fahrzeughalter: ______

Fahrzeug-Identifizierungsnummer: ______

Zulassungsdatum: ______

Tag der ersten Zulassung: ______

Datum der nächsten Hauptuntersuchung: ______

Datum der nächsten Abgasuntersuchung: ______

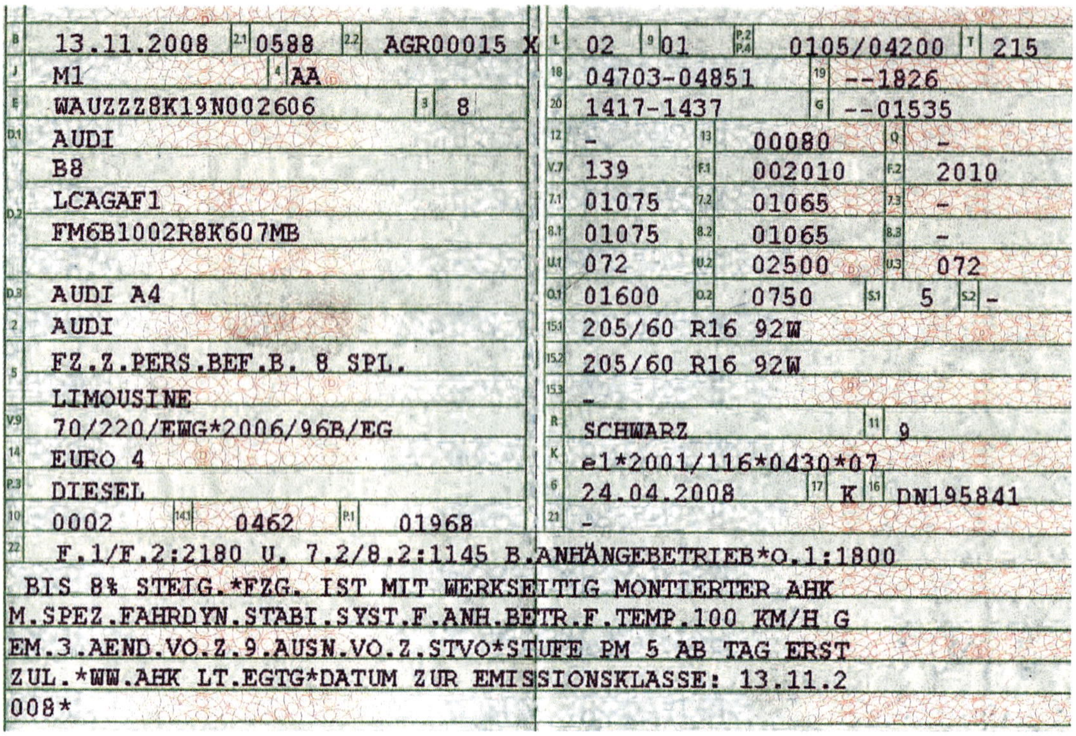
B	13.11.2008	2.1	0588	2.2	AGR00015 X		
J	M1	4	AA				
E	WAUZZZ8K19N002606	3	8				
D.1	AUDI						
D.2	B8						
	LCAGAF1						
	FM6B1002R8K607MB						
D.3	AUDI A4						
2	AUDI						
5	FZ.Z.PERS.BEF.B. 8 SPL.						
	LIMOUSINE						
V.9	70/220/EWG*2006/96B/EG						
14	EURO 4						
P.3	DIESEL						
10	0002	14.1	0462	P.1	01968		
L	02	9	01	P.2 P.4	0105/04200	T	215
18	04703-04851	19	--1826				
20	1417-1437	G	--01535				
12	-	13	00080	Q	-		
V.7	139	F.1	002010	F.2	2010		
7.1	01075	7.2	01065	7.3	-		
8.1	01075	8.2	01065	8.3	-		
U.1	072	U.2	02500	U.3	072		
O.1	01600	O.2	0750	S.1	5	S.2	-
15.1	205/60 R16 92W						
15.2	205/60 R16 92W						
15.3	-						
R	SCHWARZ	11	9				
K	e1*2001/116*0430*07						
6	24.04.2008	17	K	16	DN195841		
21	-						

22 F.1/F.2:2180 U. 7.2/8.2:1145 B.ANHÄNGEBETRIEB*O.1:1800 BIS 8% STEIG.*FZG. IST MIT WERKSEITIG MONTIERTER AHK M.SPEZ.FAHRDYN.STABI.SYST.F.ANH.BETR.F.TEMP.100 KM/H G EM.3.AEND.VO.Z.9.AUSN.VO.Z.STVO*STUFE PM 5 AB TAG ERST ZUL.*WW.AHK LT.EGTG*DATUM ZUR EMISSIONSKLASSE: 13.11.2 008*

Fahrzeugtyp: ______________ Motorhubraum: ______________

Motorleistung in kW: ______________ Höchstgeschwindigkeit: ______________

Leergewicht: ______________ zulässiges Gesamtgewicht: ______________

Zuladung: ______________

zulässige Achslast: vorne ______________ hinten ______________

d) Ist das Fahrzeug mit einem Allradantrieb ausgestattet? Begründen Sie Ihre Antwort.

____

Zu allen Fahrzeugen gibt es als weitere Informationsquelle die EWG-Übereinstimmungsbescheinigung. In dieser finden Sie noch viele weitere Informationen über das Kundenfahrzeug. Sie finden dieses Dokument auf Ihrer DVD. Drucken Sie sich die EWG-Übereinstimmungserklärung aus.

e) Die Kundin teilt Ihnen mit, dass sie sich einen Anhänger kaufen möchte. Notieren Sie alle verfügbaren Informationen über den Betrieb eines Anhängers für das Kundenfahrzeug.

____

____

____

____

f) Wie hoch ist der kombinierte CO_2 Ausstoß? ______________

g) Welche weiteren Reifengrößen dürfen noch auf diesem Fahrzeug montiert werden?

____

____

Name: | Klasse: | Datum: | Blatt:

Hebebühnen stellen in allen Werkstätten ein unverzichtbares Hilfsmittel dar. Sie werden mit großer Selbstverständlichkeit jederzeit von allen benutzt. Damit der Umgang mit Hebebühnen für Sie nicht zu einer Gefahr wird, sollten Sie einige Dinge wissen und beachten.

a) Sammeln Sie verschiedene Arten und Typen von Hebebühnen, die Sie aus Ihren Ausbildungsbetrieben kennen. Fertigen Sie große Skizzen an und stellen Sie die verschiedenen Typen mit ihren Besonderheiten (Einsatzmöglichkeiten, Vor- und Nachteile, Antrieb usw.) vor. Erstellen Sie anschließend einen Katalog von den besprochenen Bühnentypen mit den gefundenen Informationen für alle Schüler.

b) Wegen der damit verbundenen Gefahren sind an die Bediener von Hebebühnen besondere Anforderungen gesetzt. Infomieren Sie sich im Informationsblatt der Berufsgenossenschaft **Fahrzeughebebühnen**. Das Informationsblatt finden Sie auf der beiliegenden DVD.

c) Wie erklären Sie sich, dass die meisten von Ihnen schon seit Beginn der Ausbildung mit Hebebühnen umgehen?

d) Erstellen Sie ein Informationsblatt (DIN A3) mit den wichtigsten Hinweisen zum Umgang mit Hebebühnen. Gehen Sie dabei besonders auf die Unfallverhütung ein. Arbeiten Sie dabei mit selbst gemachten Skizzen und mit den Abbildungen aus dem Informationsblatt der Berufsgenossenschaft. Verwenden Sie auch die BGI 689, die Sie ebenfalls auf der DVD finden.

e) Welche Überprüfungen müssen an Hebebühnen regelmäßig durchgeführt werden? Was wird geprüft?

f) Erstellen Sie eine Wartungs- und Pflegeanweisung für die Hebebühne Ihrer Schule. Die Informationen dazu kommen aus dem Informationsblatt der Berufsgenossenschaft, der Bedienungsanleitung Ihrer Schulhebebühne und aus dem dazugehörigen Prüfbuch.

h) Führen Sie mit diesen Unterlagen eine Überprüfung und Wartung der schuleigenen Bühne durch. Gehen Sie dabei besonders auf die in Aufgabe d) gefundenen sicherheitsrelevanten Punkte ein.

Entwicklung der Automobiltechnik

Name: | Klasse: | Datum: | Blatt:

Ergänzen Sie die Angaben zur Entwicklung der Automobiltechnik. Führen Sie die Reihe mithilfe von Fachbüchern und dem Internet weiter fort (http://www.kfz-tech.de/EntwicklungdesKraftfahrzeugs.htm).

Jahr	Erfinder/Kennzeichn.	Erfindung/Entwicklung
1860	Jean Lenoir	Gasmotor
1876	Nikolaus Otto	

Jahr	Erfinder/Kennzeichn.	Erfindung/Entwicklung
1885	Gottlieb Daimler	Motorrad
1886	Karl Benz	Benz-Patent-Motorwagen
1887	Robert Bosch	Abreißzündung
1889	John Dunlop	Luftreifen
1897	Rudolf Diesel	Dieselmotor
1923	Benz/MAN	Lastkraftwagen mit Dieselmotor
1934	Ferdinand Porsche	VW-Käfer
1958	Felix Wankel	Kreiskolbenmotor
1970	Gurt	Sicherheitsgurte für Fahrer + Beif.
1978	ABS	Antiblockiersystem
1979	Motronic	Digitale Einspritz- und
1985	Kat	
1986	ASR	
1997	Common Rail	
2001	OBD	
2005	ACC	
2006	Porsche	
2009		
2011		
2017		

Funktionseinheiten im Kraftfahrzeug

Name: Klasse: Datum: Blatt:

Das technische System Kraftfahrzeug dient zum Transport von Personen und Gütern. Diese Gesamtfunktion wird durch das Zusammenwirken zahlreicher Funktionseinheiten möglich. Bei Wartungs- und Reparaturarbeiten müssen Sie die Funktionsabläufe in den Fahrzeug-Systemen kennen.

a) Fahrzeugsysteme setzen Energie, Stoff oder Information um. Ergänzen Sie die Beispiele.

Umsetzen von ...	Beispiele: Umsetzen von ...	in ...
Energie:	chemische Energie im Kraftstoff →	
Stoff:	Luft + Kraftstoff →	
Information:	Geschwindigkeit erhöhen, geregelt mit Tempomat →	

b) Benennen Sie die gekennzeichneten Fahrzeug-Funktionseinheiten und geben Sie stichwortartig ihre Aufgaben an (siehe Beispiel Getriebe).

c) Welche grundsätzliche Aufgabe erfüllt die Funktionseinheit? Ordnen Sie zu: Energie umsetzen/Stoff umsetzen/ Information umsetzen

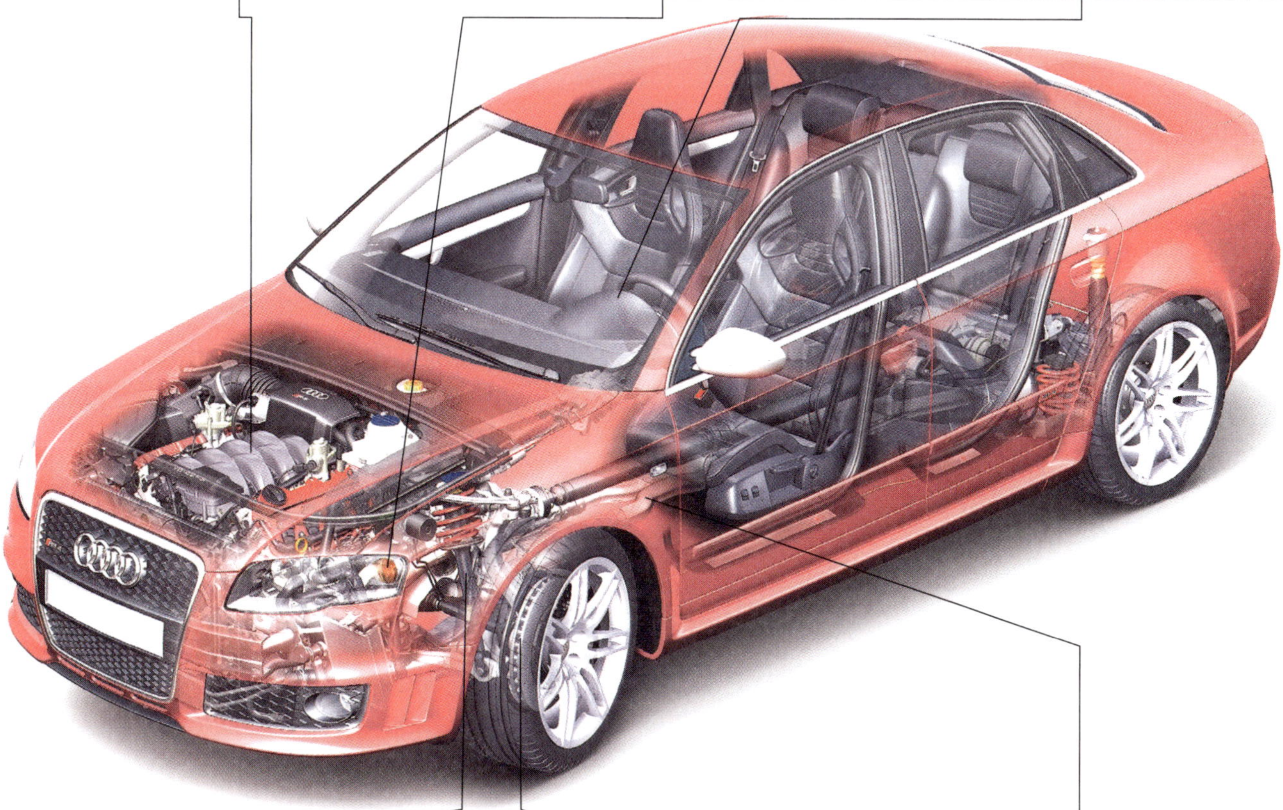

d) Beschreiben Sie ausführlich, wie die benannten Funktionseinheiten zusammenwirken.

→ Entwerfen Sie zuerst auf einem Blatt kurze und vollständige Aussagen.

→ Schreiben und gestalten Sie diese mit einem Textverarbeitungsprogramm.

→ Formatieren Sie den Text mit gut leserlicher Schrift und passender Schriftgröße, sodass er genau in den Rahmen auf dieser Seite passt.

→ Kleben Sie Ihren Ausdruck hier ein.

Motorschmierung

Name: Klasse: Datum: Blatt:

Ein wesentlicher Punkt der Wartung wird für Sie der Wechsel von Motoröl und Ölfilter sein. Die Wechselintervalle des Motoröls bestimmen, in welchen Abständen ein Kraftfahrzeug zur Wartung in eine Werkstatt muss.

a) Welche Aufgaben hat das Öl im Motor?

b) Warum muss das Motoröl regelmäßig gewechselt werden?

c) Welche Bedingungen beeinflussen den Verschleiß des Motoröls?

ungünstige Bedingungen	günstige Bedingungen

d) Wie stellen die Fahrzeughersteller ein optimales Ausnutzen der Motoröllebensdauer sicher?

e) Welche Vorbedingungen müssen zum Wechseln des Motoröls gegeben sein? Begründen Sie die Antwort.

f) Begründen Sie, weshalb es auf dem Wartungsplan für „Motoröl ablassen" und „Motoröl auffüllen" zwei verschiedene Positionen gibt.

g) Es ist gerade kein neuer Dichtring für die Ölablassschraube vorhanden.
Welche Folgen kann das Verwenden des alten Dichtringes haben?

h) Bezeichnen Sie die beiden Ölfiltertypen. Geben Sie jeweils die Vor- und Nachteile an.

i) Der Kunde fragt Sie, wie der große Preisunterschied zwischen zwei Ölen mit der gleichen Bezeichnung SAE 10W 40 zustande kommt. Da der Ölpreis von der Qualität abhängt, müssen Sie dem Kunden dazu die wichtigsten Bezeichnungen, die auf der Öldose zu lesen sind, erklären.

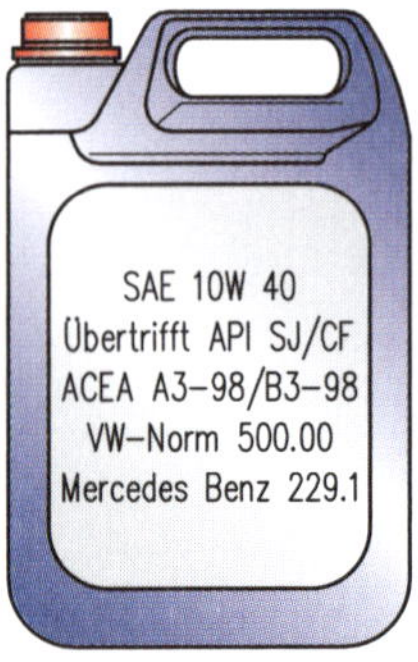

SAE

10W

40

API SJ/CF

ACEA

A3-98/B3-98

j) Erstellen Sie einen Arbeitsplan für den Motorölwechsel mit Filterwechsel. Es handelt sich um einen metallfreien Wechselfilter. Das Fahrzeug ist mit betriebswarmem Motor bereits auf der Hebebühne.

Nr.	Arbeitsschritt	Werkzeug/Hilfsmittel

Name: Klasse: Datum: Blatt:

Die Prüfung und Wartung der Motorkühlung gehört zu den wichtigen Arbeiten des Kundendienstes. Ein aufmerksamer Mechaniker kann Schäden frühzeitig erkennen und dadurch eventuell das Liegenbleiben des Kundenfahrzeugs verhindern.

a) Benennen Sie die Hauptbauteile des Kühlsystems.

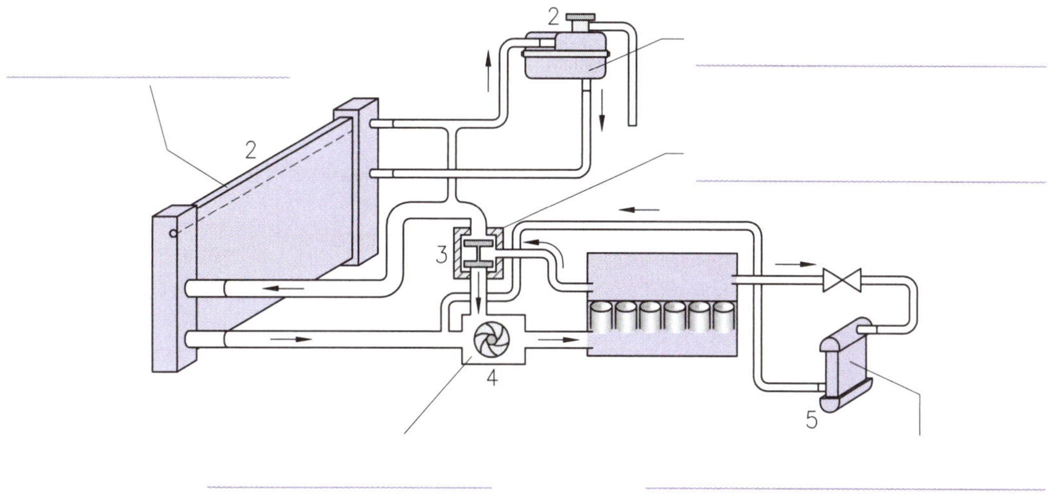

b) Welche Arbeiten sind laut Wartungsplan am Kühlsystem durchzuführen?

c) Erklären Sie die Funktion von Bauteil Nr. 3.

d) Markieren Sie den kleinen Kühlwasserkreislauf in **grün** und den großen Kühlwasserkreislauf in **blau**.

e) Wie macht sich ein undichter Thermostat bemerkbar? Beschreiben Sie, wie man den Thermostat prüft.

f) Welche Möglichkeiten kennen Sie, um die Frostsicherheit von Kühlwasser zu prüfen?

g) Sie stellen fest, dass die Frostsicherheit nur bis –19 °C reicht. Wie viel Prozent Frostschutz müssen dem Wasser zugesetzt sein, damit die vorgeschriebene Frostsicherheit von –25 °C gewährleistet ist? (siehe Diagramm)

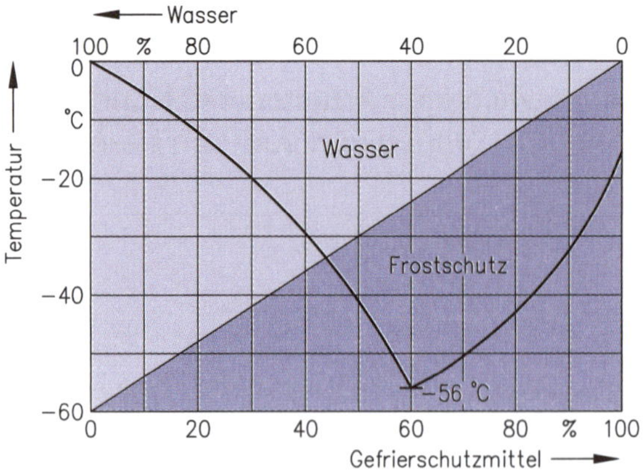

h) Nach Rücksprache mit Ihrem Meister beschließen Sie, dass das Kühlwasser (9,8 l) komplett ausgetauscht wird. Berechnen Sie die jeweiligen Anteile Wasser und Frostschutz in Liter.

Ges.:

Geg.:

Lös.:

i) Erstellen Sie einen Arbeitsplan zum Auswechseln der Kühlflüssigkeit.

Nr.	Arbeitsschritt	Werkzeug/Hilfsmittel

j) Formulieren Sie Arbeitsregeln für den Umgang mit Frostschutzmittel.

Die Reifen eines Kraftfahrzeugs sind die einzige Verbindung zur Fahrbahn. Sie übertragen die gesamten Kräfte beim Beschleunigen, Bremsen und bei Kurvenfahrten. Daher spielt die Bereifung eine große Rolle bei der aktiven Sicherheit. Im Wartungsplan findet sich deshalb ein eigenes Kapitel zum Thema Bereifung, in dem Sie die Überprüfung jedes Reifens einzeln bestätigen müssen.

1. Reifen- und Felgenbezeichnungen

a) Am Kundenfahrzeug sind die breitesten Reifen montiert, die in der Zulassungsbescheinigung Teil 1 (siehe Seite 16) eingetragen sind. Tragen Sie die Reifenbezeichnung ein. Erklären Sie die Benennungen.

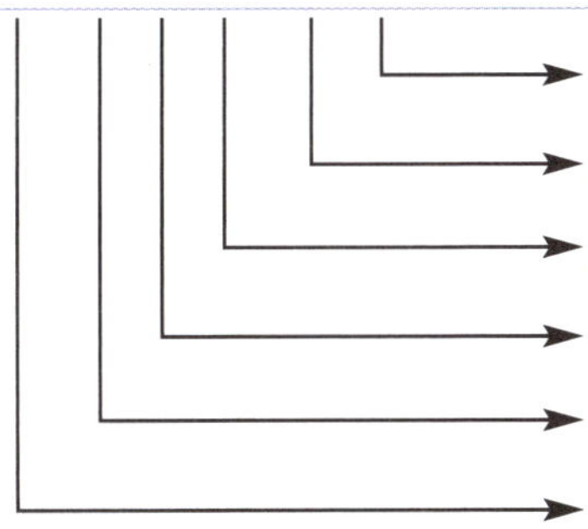

b) Vergleichen Sie die maximale Radlast des Fahrzeugs mit der zulässigen Radlast der Bereifung.

c) Auf dem Reifen befindet sich noch die Aufschrift **DOT *1209***. Wie alt ist der Reifen?

d) Welche Angaben über die dazu passenden Felgen lassen sich aus der EWG-Übereinstimmungsbescheinigung entnehmen?
Tragen Sie die Felgenbezeichnung ein und erklären Sie diese.

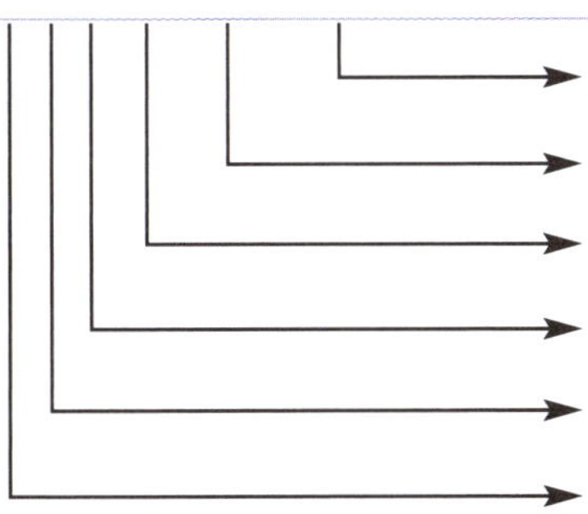

e) Die Kundin hat von ihrem vorherigen Passat noch vier Felgen mit der Bezeichnung 7 J x 16 H2 ET 45. Sie fragt nach, ob sie diese auch auf ihrem Auto fahren kann. Erstellen Sie zur Verdeutlichung Ihrer Erklärung eine Skizze auf einer A4-Seite (nicht maßstäblich). Zeichnen Sie in der oberen Hälfte eine Felge, deren Einpresstiefe 8 mm größer ist als die in der unteren Hälfte. Beschriften Sie die Skizze vollständig mit allen Bezeichnungen. Begründen Sie Ihre Entscheidung zur Kundenfrage.

f) Nennen Sie zwei weitere Reifen-Felgen-Kombinationen, die zulässig sind.

Reifen: ______ Felge: ______

Reifen: ______ Felge: ______

g) Die Kundin bittet Sie, ihr zu erklären, warum zwei Reifen der gleichen Größe im Kraftfahrzeugschein aufgeführt worden sind. Sammeln Sie Ihre Erklärung in Stichpunkten, gehen Sie dabei auf alle Unterschiede ein und begründen Sie diese.

2. Reifenschäden

a) Die Kontrolle des Reifendrucks hat so große Bedeutung, dass Sie den Wert für jeden einzelnen Reifen in den Wartungsplan eintragen müssen. Welche Folgen hat ein zu hoher Reifendruck?

b) Nennen Sie die Folgen eines zu geringen Reifendrucks.

c) Laut Wartungsplan müssen Sie das Reifenlaufbild jedes einzelnen Reifens überprüfen. Geben Sie zu den verschiedenen Schadensbildern des **linken** Vorderreifens die Ursachen an.

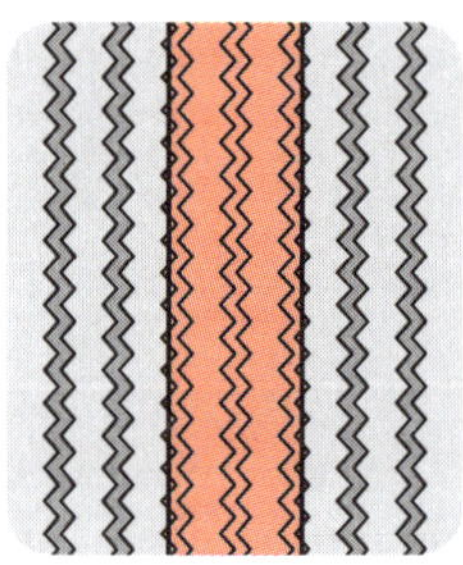 1	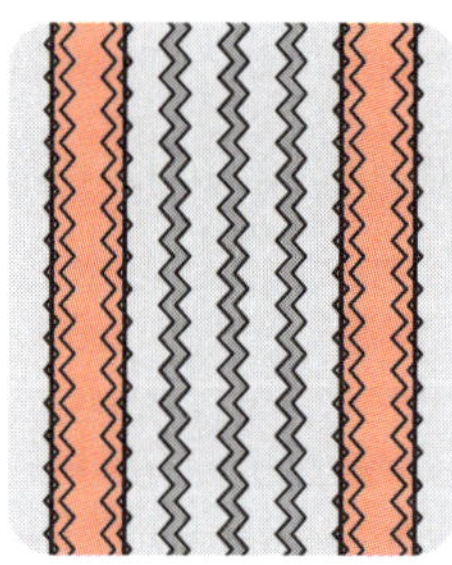 2	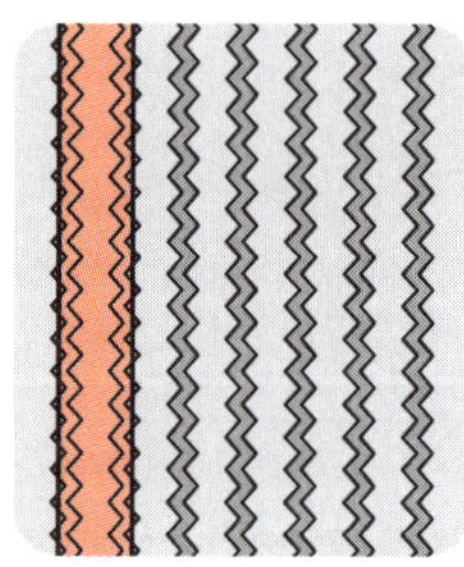 3	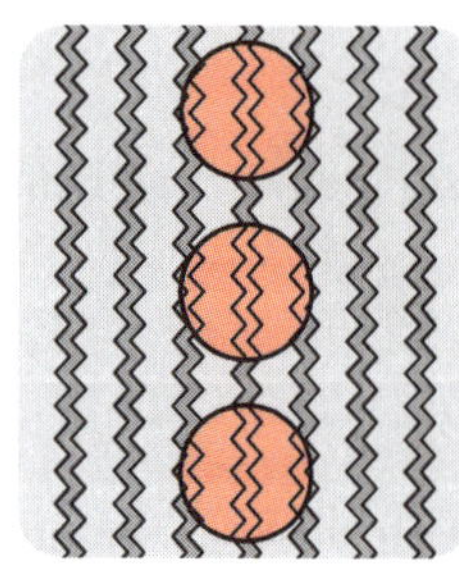 4

d) Erklären Sie den Begriff „Aquaplaning“. Gehen Sie dabei auf die gesetzlich vorgeschriebene Mindestprofiltiefe ein.

e) Die Vorderräder unseres Kundenfahrzeugs weisen auf beiden Seiten außen verstärkt abgenutzte Reifenschultern (Bild 3) auf. Die Achsgeometrie wurde vor kurzem vermessen und ist korrekt eingestellt.
Wie erklären Sie dem zügig fahrenden Kunden den Sachverhalt?

3. Reifenmontage

a) Die beiden Vorderreifen an unserem Kundenfahrzeug müssen erneuert werden. Sie sollen die beiden neuen Reifen auf die Felgen montieren. Bei modernen Reifen ist dabei aber einiges zu beachten.

b) Erstellen Sie für das Auswuchten der gerade montierten Reifen und für die Montage der Reifen am Fahrzeug einen Arbeitsplan.

Nr.	Arbeitsschritt	Werkzeug/Hilfsmittel

c) Die Vorderreifen hatten nach Aussage des Kundens eine Lebensdauer von 30 000 km. Die Hinterreifen halten etwa 50 % länger. Der Verkaufspreis eines Reifens beträgt 106,68 EUR. Dazu kommen noch die Kosten für die Montage (6,50 EUR) und das Auswuchten (2,50 EUR) pro Reifen. Die Entsorgung der vier Altreifen wird mit 10 EUR berechnet. Wie hoch sind die Kosten für den Reifenverschleiß pro 100 km?

Ges.:

Geg.:

Lös.:

d) Ihr Kunde überlegt, ob er im Winter mit neuen Sommerreifen genau so gut wie mit Winterreifen fahren kann. Nehmen Sie seine Frage als Anlass, ein Werbeplakat für Winterreifen zu entwerfen. Beschaffen Sie sich die nötigen Argumente, Bilder, Zahlen und Fakten mithilfe des Internets.
Das Plakat soll A1 groß sein. Achten Sie auf die Schriftgröße und die Lesbarkeit.

Dem Reserverad kommt nach dem Wartungsplan die gleiche Bedeutung zu wie den anderen Rädern. Sie müssen also jedes Mal den Kofferraum ausräumen, um die vorgeschriebenen Prüfungen vorzunehmen.

e) Welche Alternativen zum vollwertigen Reserverad kennen Sie? Überlegen Sie sich Argumente, die für und gegen ein Einsparen des Reserverads sprechen.

f) Stellen Sie Ihre Argumente mithilfe einer Tabelle dar.

Alternative	Vorteil	Nachteil

Die Arbeiten an der Bremsanlage gehören zu den verantwortungsvollsten Bereichen Ihrer Tätigkeit. Hier dürfen keine Fehler gemacht werden. Bei Arbeiten am Motor führen Nachlässigkeiten zu Sachschäden und Pannen, bei Fehlern an der Bremsanlage sind Menschenleben in Gefahr.

a) Benennen Sie die gekennzeichneten Funktionseinheiten der Bremsanlage.

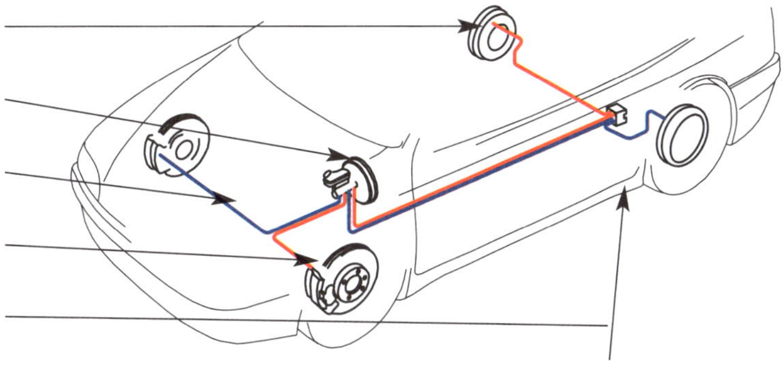

b) Benennen Sie nun die Einzelteile einer Radbremse.

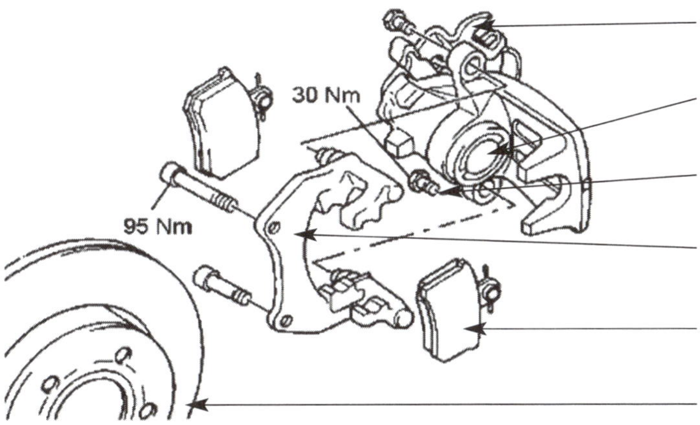

Das Abbremsen von Kraftfahrzeugen beruht auf einem einfachen physikalischen Prinzip:

Die Bremsanlage muss die Bewegungsenergie des Fahrzeugs durch Reibung in Wärmeenergie umwandeln.

c) Beschreiben Sie für die gesamte Bremsanlage das Zusammenwirken der Funktionseinheiten als komplettes System.

Die Bremsanlage muss also sehr viel Wärmeenergie an die Umgebung abgeben können.

d) Mit welchen Maßnahmen unterstützen die Hersteller die rasche Wärmeabfuhr?

Die Überprüfung der gesamten Bremsanlage ist ein wesentlicher Bestandteil des Kundendienstes. Wenn der Kunde sein Fahrzeug aus der Werkstatt abholt, muss sicher gestellt sein, dass er sich bis zur nächsten Inspektion darauf verlassen kann.

e) Erstellen Sie mithilfe des Wartungsplanes eine Liste von allen Arbeiten und Prüfungen an der Bremsanlage.

f) Die Bremsflüssigkeit muss regelmäßig gewechselt werden. Begründen Sie diese Notwendigkeit ausführlich.

g) Erstellen Sie Arbeitsregeln für den Umgang mit Bremsflüssigkeit in der Werkstatt.

h) Fertigen Sie mithilfe der Auszüge aus dem Reparaturleitfaden einen Arbeitsplan zum Prüfen der Bremsscheiben und zum Einbau der neuen Scheibenbremsbeläge. Das Rad ist bereits abmontiert.

Nr.	Arbeitsschritt	Werkzeug/Hilfsmittel

1. Aufgabe

Als Fahrzeug-Starterbatterie verwendet man Akkumulatoren.

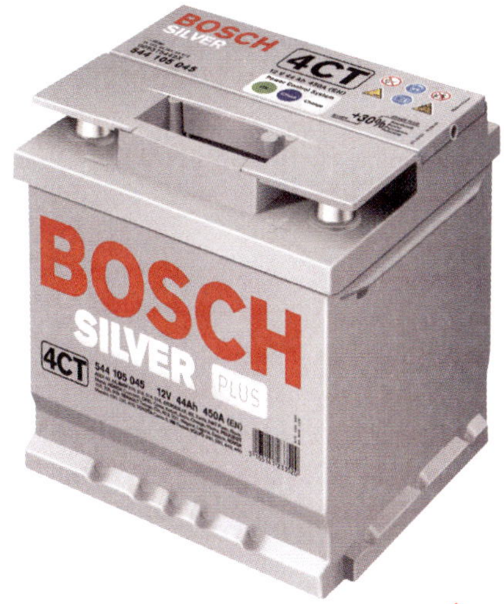

a) Klären Sie den Fachbegriff Akkumulator.

b) Welche Aufgaben hat der Akkumulator im Kraftfahrzeug?

2. Elektrochemische Vorgänge

a) Für den folgenden Versuch zum galvanischen Element benötigen Sie Batteriesäure (verdünnte Schwefelsäure) als Elektrolyt. Die Batteriesäurepackung warnt mit dem abgebildeten Symbol für gefährliche Arbeitsstoffe. Informieren Sie sich deshalb unbedingt vor Arbeitsbeginn in Fachbüchern über mögliche Gefahren und die notwendigen Sicherheitsmaßnahmen.

Gefahren:

Sicherheits-ratschläge:

b) Verwenden Sie für den dargestellten Versuch zum galvanischen Element gleiche und verschiedene Metalle. Beschreiben Sie Ihre Beobachtung.

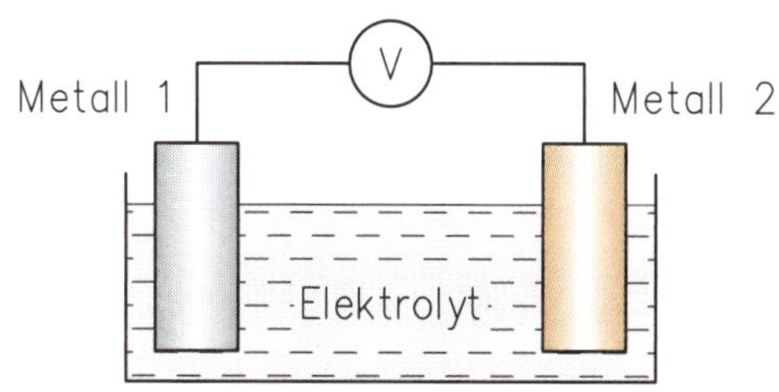

Galvanisches Element

c) Im Akkumulator erfolgt die Umwandlung von *chemischer Energie* in *elektrische Energie* und umgekehrt. Tragen Sie die Begriffe ein.

entladen →

← laden

3. Aufbau des Bleiakkumulators

a) Woraus bestehen die aktiven Stoffe eines geladenen Bleiakkumulators?

	positive Platte	Elektrolyt	negative Platte
aktiver Stoff:			
chemische Formel:			
Plattenfarbe:			

b) Benennen Sie die nummerierten Bauteile.

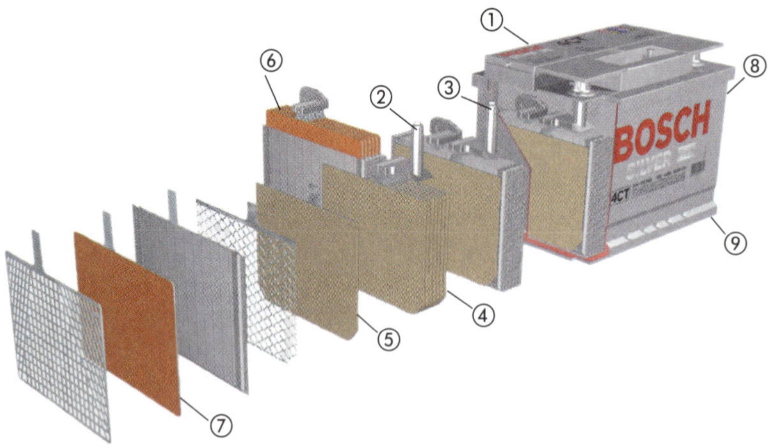

1	Blockdeckel
2	
3	
4	
5	
6	
7	
8	
9	

4. Batteriekenngrößen

Eine Fahrzeugbatterie trägt die Aufschrift: **12V 380A 72Ah**

12V **a)** Wie groß ist die **Nennspannung** einer Zelle beim Bleiakkumulator und wie sind die Zellen in der Starterbatterie zusammengeschlossen?

b) Wie viele Zellen sind notwendig?

12-V-Batterie → ______ Zellen	6-V-Batterie → ______ Zellen

380A **c)** Unter welchen Bedingungen wird dieser hohe **Kälteprüfstrom** bei einer 12-V-Batterie gemessen?

72Ah **d)** Was bedeutet diese Angabe zur **Kapazität** der Batterie? Benennen Sie die Maßeinheit im Wortlaut.

e) Formel: Maßeinheit:

Kapazität = ______	1 A x 1 h = ______

f) Führen Sie Kapazitätsberechnungen nach den Vorgaben in Ihrem Rechenbuch aus.

g) Die auf dem Akkumulator angegebene Nennkapazität (K20) wird am vollgeladenem Akku, bei einer Entladezeit von t = ______ Stunden und einer Elektrolyttemperatur von T = ______ °C, gemessen. Die Spannung darf hierbei nicht unter U = ______ Volt absinken.

h) Durch die Entladebedingungen im Kraftfahrzeug kann die Batteriekapazität stark abfallen. Werten Sie hierzu Diagramme in Fachbüchern und Firmenunterlagen aus.

Einflussgrößen	Welche Bedingungen führen zu einem Kapazitätsabfall?
Entladestrom	
Elektrolyt	
Batteriezustand	

5. Laden und Entladen beim Bleiakkumulator

a) Kennzeichnen Sie die Darstellungen mit *geladen/entladen*.

Der Bleiakkumulator . . .

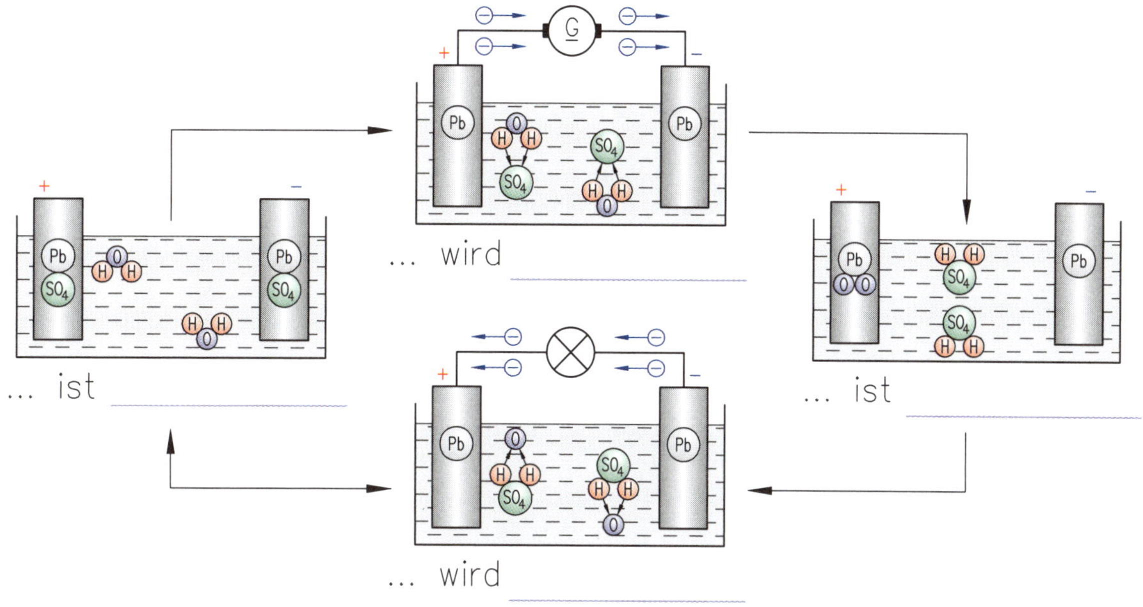

b) Ergänzen Sie die Tabelle mithilfe des Tabellenbuches.

Entladen		Laden
sinkt auf ______	← Säuredichte →	steigt auf ______
	normaler Ladestrom in % des Kapazitätswertes	
	bei Normalladung →	______
	bei Schnellladung →	______
	zur Erhaltungsladung →	______
______ pro Zelle / ______ 12V-Akku	← Anfangsspannung →	______ pro Zelle / ______ 12V-Akku
	← Gasungsspannung →	______ pro Zelle / ______ 12V-Akku
______ pro Zelle / ______ 12V-Akku	← Schlussspannung →	______ pro Zelle / ______ 12V-Akku
	max. Schlussspannung bei wartungsfreiem Akku →	______ pro Zelle / ______ 12V-Akku

Unter die Schlussspannung tiefentladene Akkus sulfatieren. Welche Folge hat dies?

______

Welche Ursachen hat die Selbstentladung?

______

______

Welches Gas entsteht beim Laden?

______

Welche Gefahr muss beachtet werden?

______

c) Wie erfolgt die Leistungsprüfung (zur Ermittlung des Batteriezustandes) durch Belastungsprüfung?

Am Batterie-Testgerät: ______

______

Im Fahrzeug: ______

______

6. Batteriepflege

a) Bei wartungsfreien Batterien nach DIN (sie besitzen noch Verschlussstopfen) ist der Elektrolytstand nach der Gewährleistungszeit zu kontrollieren und bei Bedarf nachzufüllen. Womit ist nachzufüllen?

b) Weshalb ist die Oberfläche der Batterie zu reinigen und trocken zu halten?

c) Polkorrosion führt zu Kontaktproblemen bis hin zum Totalausfall der Bordelektrik.
Wie sind Batteriepole, auch bereits korrodierte, zu pflegen?

7. Batterieschaltungen

a) Skizzieren Sie aus dem unten abgebildeten Stromlaufplan die Schaltung der Starterbatterien heraus.

b) Skizzieren Sie die Batterieschaltung für Fahrzeuge mit zwei 12V-Batterien und 12 V Bordspannung.

c) Benennen Sie unter den Zeichnungen die Batterieschaltungen.

d) Welche Veränderungen ergeben sich bei zwei gleichen, zusammengeschalteten 12V-Batterien hinsichtlich

der Bordspannung:

der Gesamtkapazität:

des Kälteprüfstromes:

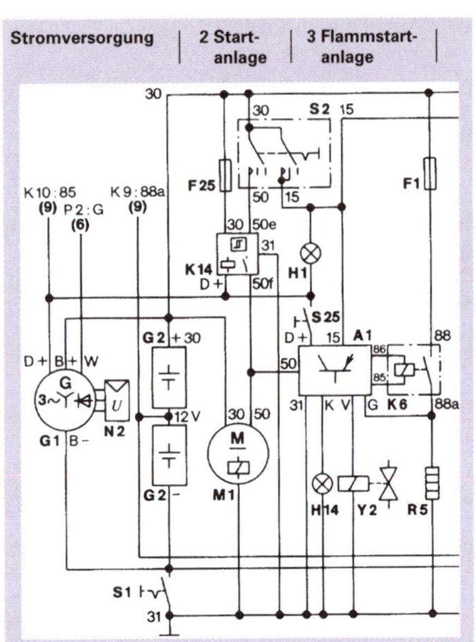

Lastkraftwagen mit Dieselmotor

Stromlaufplan (Ausschnitt)

e) Markieren Sie die Batterie und ihre Anschlüsse farbig.

f) Weshalb verwendet man bei Nutzfahrzeugen mit schweren Dieselmotoren die aufgezeigte Batterieschaltung?

g) Wie kann man in diesem Fahrzeug ein 12-V-Navigationssystem anschließen?

Die Kundin möchte bereits bei der telefonischen Auftragsannahme wissen, was die Wartung an ihrem Fahrzeug kosten wird. So kann man unangenehme Überraschungen vermeiden und Preisvergleiche anstellen. Die Hersteller haben für alle Arbeiten an ihren Fahrzeugen bestimmte Zeitvorgaben (Sollzeiten) festgelegt. Zusammen mit dem individuellen Stundensatz der Werkstatt lassen sich so die Kosten eines Auftrags vorher genau festlegen.

a) Aus welchen beiden Anteilen setzen sich die Gesamtkosten eines Auftrags zusammen?

In den Werkstätten wird diese Kalkulation mithilfe von Computerprogrammen erstellt. Ein Standard-Kalkulationsprogramm können Sie kostenlos bei Fahrzeugherstellern und Teilegroßhändlern erhalten. Sie werden mithilfe eines solchen Programms die benötigten Teile heraussuchen und die Kosten für den 120 000-km-Kundendienst an unserem Beispielfahrzeug berechnen.

b) Starten Sie das Programm.
- Rufen Sie mithilfe des Kraftfahrzeugscheins (Schlüsselnummern) das Kundenfahrzeug auf.
- Rufen Sie das Fahrzeug nochmals auf, diesmal aber mithilfe von Hersteller, Typ und Motordaten.

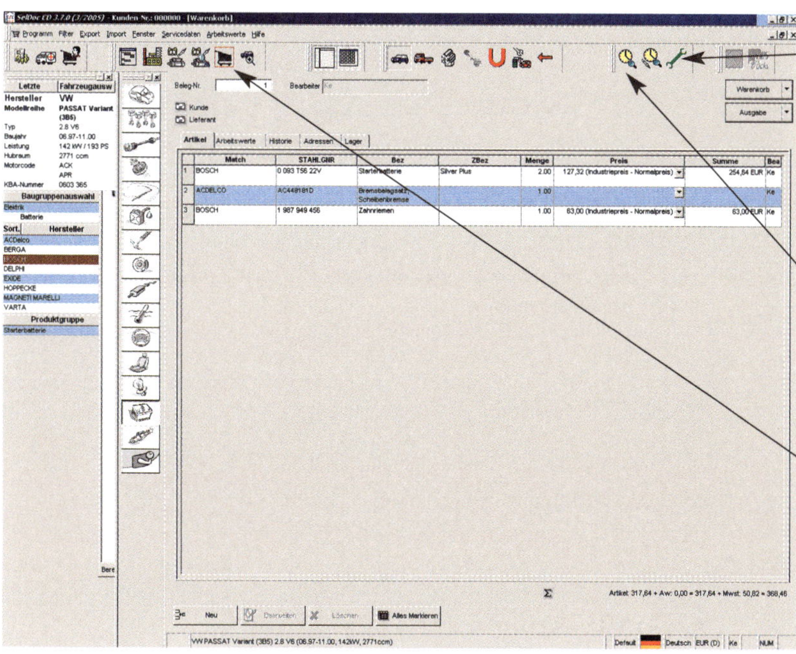

c) Drucken Sie das Wartungsblatt für eine 60 000-km-Inspektion aus und vergleichen Sie es mit dem Wartungsplan des Kundendienstfahrzeugs von der DVD. Markieren Sie alle Punkte, die nicht auf beiden Wartungsplänen aufgeführt sind.

d) Wie viel Zeit steht Ihnen zum Wechsel der vorderen Bremsbeläge und Bremsscheiben zur Verfügung?

e) Stellen Sie mithilfe des Warenkorbs eine Liste mit den Ersatzteilen zusammen, die für eine 120 000-km-Inspektion benötigt werden. Vergessen Sie dabei den Zahnriemen nicht. Drucken Sie den Warenkorb aus.

f) Das Programm gibt Hinweise zum Wechsel des Zahnriemens. Drucken Sie den Plan zur Montage des Riemens aus und heften Sie ihn mit zu Ihren Unterlagen.

g) Berechnen Sie mithilfe der Arbeitswerte die Lohnkosten der Inspektion. Gehen Sie dabei vom Stundensatz Ihrer Werkstatt aus.

h) Berechnen Sie die Gesamtkosten der Inspektion. Überprüfen Sie genau, ob Sie nichts vergessen haben.

Zu den ersten Tätigkeiten, die ein Kraftfahrzeugmechatroniker in seiner Ausbildung erlernen darf, gehört die selbstständige Erneuerung der Fahrzeugbereifung. Dabei gibt es einige wichtige Dinge zu beachten und zu wissen. Sie sollen mit Ihrer Klasse folgenden Werkstattauftrag in der Schulwerkstatt erledigen:

Erneuern Sie die beiden Reifen an der Antriebsachse des Fahrzeugs.

a) Heben Sie das Fahrzeug mithilfe der Hebebühne fachgerecht an.

b) Überprüfen Sie die Bereifung des Fahrzeugs anhand der Daten aus den Fahrzeugpapieren. Welche Alternativbereifungen gibt es?

c) Ermitteln Sie die Daten von Felge und Reifen und erklären Sie diese:

Felge:

Reifen:

d) Messen Sie die Profiltiefe der Reifen und überprüfen Sie Reifen und Felgen auf Schäden (Sichtkontrolle).

Profiltiefe:

Schäden :

e) Schrauben Sie die beiden Antriebsräder vom Fahrzeug.

f) Welche Sichtprüfungen am Fahrzeug sind auszuführen, wenn die Räder demontiert sind?

-
-
-
-

g) Demontieren Sie die Reifen und montieren Sie die neuen fachgerecht.

h) Ermitteln Sie den vorgeschriebenen Reifendruck für das Fahrzeug und stellen ihn richtig ein.

Reifendruck: ______

i) Wuchten Sie die Räder aus.
Welche Arten von Auswuchtgewichten werden unterschieden?

______

______

j) Erstellen Sie ein Plakat, mit dem Sie die Vorgänge beim dynamischen und statischen Auswuchten erklären.

j) Reinigen Sie die beiden Radnaben. Begründen Sie dies.

______

______

l) Montieren Sie anschließend die beiden Räder. Achten Sie auf das vorgeschriebene Drehmoment. Ermitteln Sie dies aus der Werkstattsoftware.

Anzugsdrehmoment: ______

m) Begründen Sie, warum das Anzugsmoment der Radschrauben nach ca. 50 km kontrolliert werden muss.

______

______

n) Erstellen Sie eine Rechnung für Ihre Arbeit. Ermitteln Sie dazu die Einkaufs- und Verkaufspreise der Reifen, die Sie montiert haben. Nutzen Sie, wenn möglich Programme wie *Stakis* oder *Centro digital*. Die Rechnung soll allen formalen Anforderungen an eine vom Finanzamt anerkannte Rechnung erfüllen. Weitere Informationen finden Sie auf der DVD oder im Internet. Beschaffen Sie auch Rechnungskopien aus Ihrer Firma.

Anforderungen an eine Rechnung:

- ______
- ______
- ______

______

- ______
- ______
- ______
- ______
- ______

Name: | Klasse: | Datum: | Blatt:

a) Benennen Sie die nummerierten Bauteile des abgebildeten Hubkolbenmotors mithilfe des Fachkundebuches.

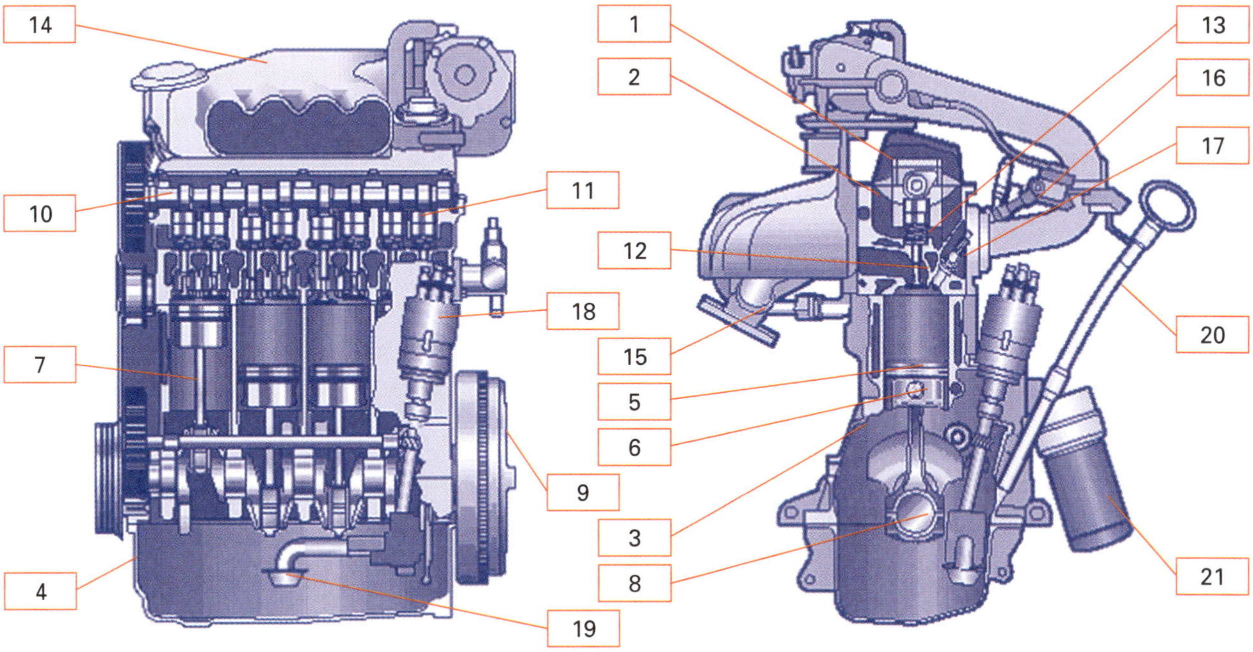

b) Setzen Sie über die Bauteile die Baugruppenbezeichnungen.

1	5	10
2	6	11
3	7	12
4	8	13
	9	

14	17	19
15	18	20
16		21

c) Welche Belastungen (Temperatur, Zug, Druck, Chemie ...) wirken auf die folgenden Bauteile? Geben Sie zu jedem Bauteil zwei geeignete Werkstoffe an. Arbeiten Sie mit dem Tabellenbuch.

Bauteil	Belastung	Material
Kolben		
Ölwanne		
Nockenwelle		
Ventilfeder		

Name: Klasse: Datum: Blatt:

Nachdem Sie den äußeren Aufbau eines Hubkolbenmotors kennen gelernt haben, werden Sie jetzt einiges über sein „Innenleben“ erfahren.

a) Ordnen Sie den Bauteilen des abgebildeten Motors die folgenden Begriffe zu: *Auslassnockenwelle, Einlassnockenwelle, Einlasskanal, Kurbelwelle, Kurbelzapfen, Pleuelstange, Steuerkette, Wasserkühlung, Zylinder, Zahnriemen, Auslasskanal.*

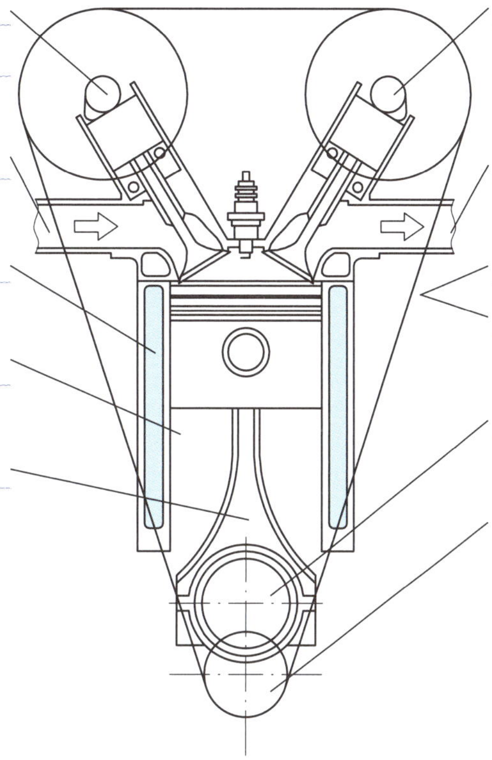

b) Kennzeichnen Sie die Kühlwasserkanäle mit blauer Farbe.

c) Messen Sie den Abstand von der Mitte der Kurbelwelle bis zur Mitte des Kurbelzapfens. Zeichen Sie einen Kreis mit dem gemessenen Wert als Radius genau um die Mitte der Kurbelwelle.

d) Markieren Sie am Zylinder die höchste und die tiefste Position, die der Kolben einnehmen kann mit OT (Oberer Totpunkt) und mit UT (Unterer Totpunkt).

e) Beschreiben Sie die Bewegung, die der Kolben während einer ganzen Kurbelwellenumdrehung macht. Verwenden Sie dabei die Begriffe Oberer Totpunkt und Unterer Totpunkt. Beginnen Sie mit der Position, in der sich der Kolben gerade befindet.

Die Kurbelwelle wandelt die oszillierende Bewegung (Auf- und Abbewegung) des Kolbens in eine kreisförmige Bewegung um. Diese wird dann durch den gesamten Antriebsstrang bis an die Antriebsräder weitergeleitet. So ist der Hubkolbenmotor mit seiner oszillierenden Kolbenbewegung im Kraftfahrzeug einsetzbar.

f) Erklären Sie, welche Rolle die Bauteile Zahnriemen/Steuerkette dabei spielen.

g) Suchen Sie mit Ihrer Klasse alle sonstigen Möglichkeiten, Nockenwellen anzutreiben. Teilen Sie sich in die entsprechende Anzahl von Gruppen und sammeln Sie mithilfe von persönlichen Erfahrungen, Fachbüchern sowie dem Internet Informationen zu folgenden Punkten: **Aufbau/Prinzip, Werkstoff, Beanspruchung, Wartung.** Präsentieren Sie Ihre Erkenntnisse. Erstellen Sie ein Informationsblatt von allen Antriebsmöglichkeiten im Querformat in Tabellenform.

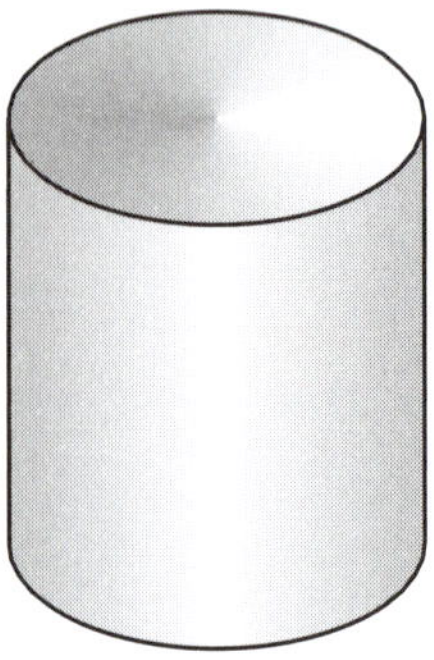

Das Volumen des Zylinders, der zwischen OT und UT liegt, nennt man den Zylinderhubraum V_h.

h) Bemaßen Sie den Zylinder mit den richtigen Einheiten. Verwenden Sie dazu Ihr Tabellenbuch. Erklären Sie daneben die Einheiten und geben Sie die passenden Maßeinheiten mit an.

Maß	Benennung	Maßeinheit

Mit dem Wissen, das Sie sich eben angeeignet haben, können Sie jetzt den Hubraum von jedem beliebigen Hubkolbenmotor berechnen. Hierbei unterscheidet man die Begriffe Einzelhubraum V_h und Gesamthubraum V_H. Beachten Sie, dass der Hubraum meist in cm^3 verlangt wird. Es ist also ratsam, die Angaben bereits vor der Berechnung von mm in cm umzuwandeln.

i) Berechnen Sie den Zylinderhubraum und den Gesamthubraum für die folgenden Daten:
Sechszylinder-Viertakt-Ottomotor, Bohrung 82,5 mm, Hub 86,4 mm

Ges.:

Geg.:

Lös.:

j) Vergleichen Sie das Ergebnis für den Gesamthubraum mit den entsprechenden Daten aus dem Kraftfahrzeugschein (siehe Seite 16) des Fahrzeugs. Was fällt Ihnen auf und wie erklären Sie das?

Bearbeiten Sie in Ihrem Rechenbuch weitere Aufgaben zu Zylinderhubraum und Gesamthubraum. Achten Sie dabei besonders auf die Einhaltung des Rechenschemas (Ges., Geg., Lös.).

Verbrennungsmotoren lassen sich in eine Vielzahl von Arten einteilen.

a) Sammeln Sie Fachbezeichnungen für Motorbauarten und ordnen Sie diese den Unterscheidungskriterien zu.

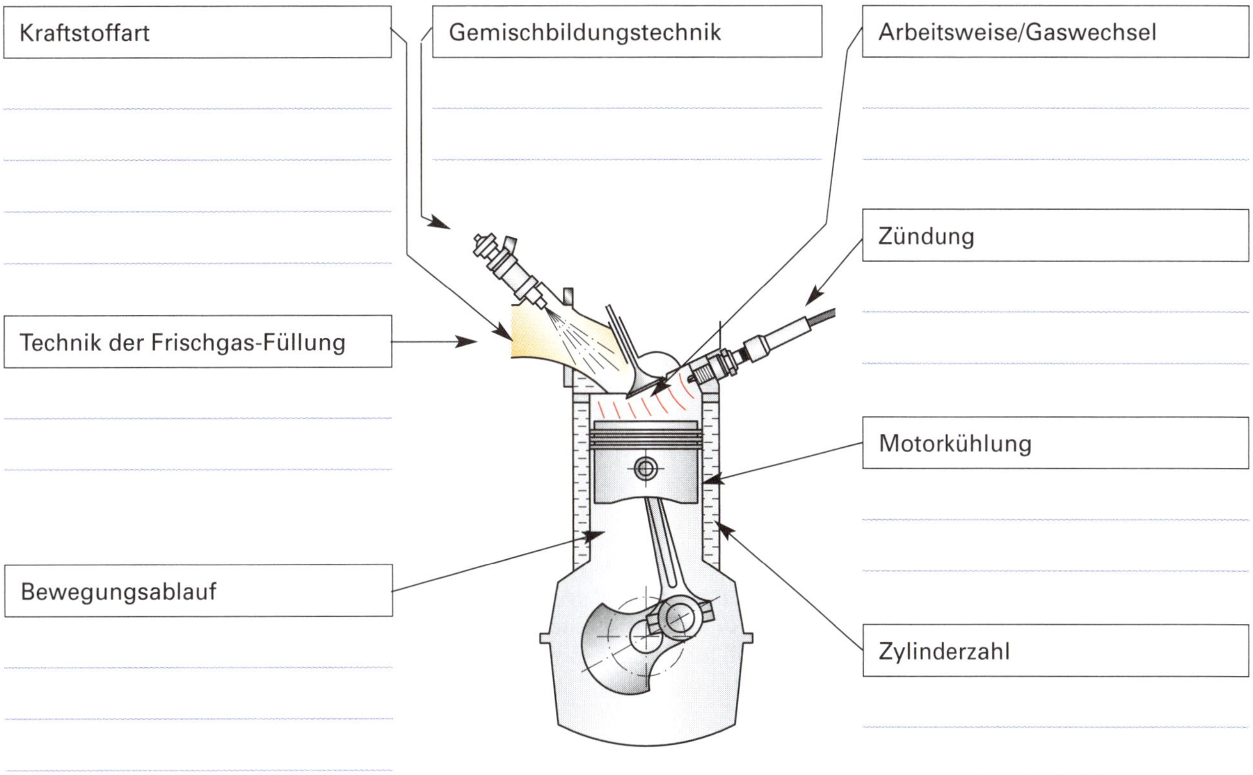

Zylinderordnung

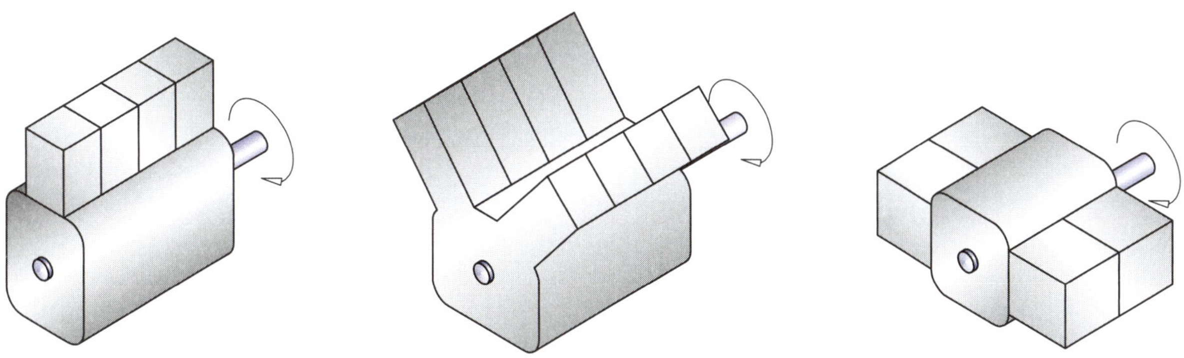

b) Nummerieren Sie in den drei Darstellungen die Zylinder nach DIN.

c) Nennen Sie für die drei dargestellten Motore übliche Zündfolgen.

d) Wie berechnet man den Zündabstand in Grad Kurbelwinkel (Formel)?

e) Berechnen Sie zu den drei Mehrzylindermotoren den Zündabstand.

Fahrzeugservice

Nikolaus Otto erfand 1876 den Viertaktmotor. Noch heute stellt es das am häufigsten verwendete Motorprinzip in unseren Kraftfahrzeugen dar. Daher sind gründliche Kenntnisse über die Abläufe in Motoren für einen Kraftfahrzeug-Mechatroniker unerlässlich.

Sie erstellen in Gruppen (3–4 Personen) ein Infoblatt über Nikolaus Otto und seine Erfindungen. Dies soll mithilfe geeigneter Literatur und des Internets geschehen.

a) Überlegen Sie sich vorab geeignete Kriterien, um die von Ihnen erstellten Infoblätter anschließend zu bewerten. Einigen Sie sich in der Klasse auf 5 Bewertungskriterien und halten Sie diese an der Tafel für alle sichtbar schriftlich fest.

b) Verwenden Sie für das Infoblatt aussagekräftige Bilder von Nikolaus Otto und seinen Erfindungen. Die Biografie soll auf einer DIN-A4-Seite Platz finden. Nach der Fertigstellung vergrößern Sie Ihre Arbeit mithilfe eines Kopierers auf DIN A3. Anschließend vergleichen und bewerten Sie Ihre Arbeiten nach den von Ihnen gefundenen Kriterien gegenseitig.

c) Machen Sie sich mithilfe von Filmen, Animationen und Lernsoftware mit dem Viertaktverfahren vertraut.

Stellen Sie sich folgende Situation vor: Der Kunde, dessen Auto Sie gerade warten, bittet Sie, ihm als technischem Laien das Viertaktverfahren kurz zu erklären. Sie haben dazu einen kompletten Kurbeltrieb, einen Zylinder und einen Zylinderkopf zur Verfügung. Nachdem Sie sich schon gründlich in die Materie eingearbeitet haben, wird es Ihnen nicht schwer fallen, ihm diesen Gefallen zu tun.

d) Fassen Sie die Vorgänge im Zylinder in einem Text mit eigenen Worten zusammen. Verwenden Sie dabei alle notwendigen Fachbegriffe, erklären Sie diese aber. Schreiben Sie Ihre Erklärung mit einem Textverarbeitungsprogramm. Formatieren Sie den Text so, dass er leichter verständlich wird. Wenn Sie ihn mit Ihren Mitschülern auf Richtigkeit durchgesehen haben, drucken Sie ihn in passender Größe aus und kleben ihn auf dieser Seite ein.

Otto-Viertaktverfahren

Name: | Klasse: | Datum: | Blatt:

Jetzt werden Sie die Vorgänge in einem Otto-Viertaktmotor im Detail kennenlernen. Dabei helfen Ihnen die gerade erworbenen Kenntnisse.

a) Benennen Sie die vier Takte in der Tabelle.

b) Geben Sie für jeden Takt die Bewegungsrichtung des Kolbens und einmalig die Drehrichtung der Kurbelwelle durch Pfeile an und beschriften Sie die Umkehrpunkte des Kolbens mit OT und UT.

c) Ergänzen Sie die fehlenden Angaben der Tabelle.

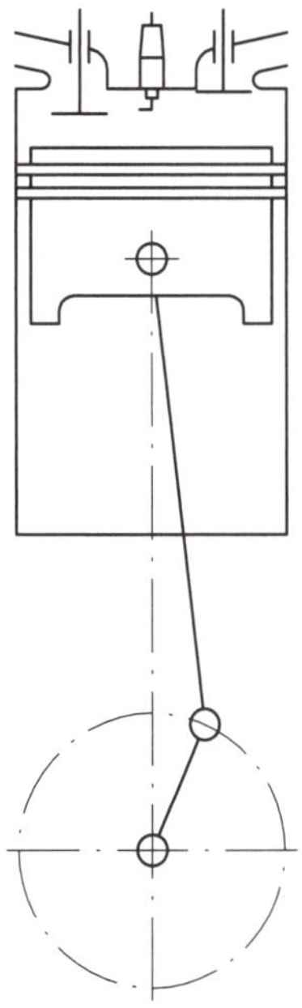	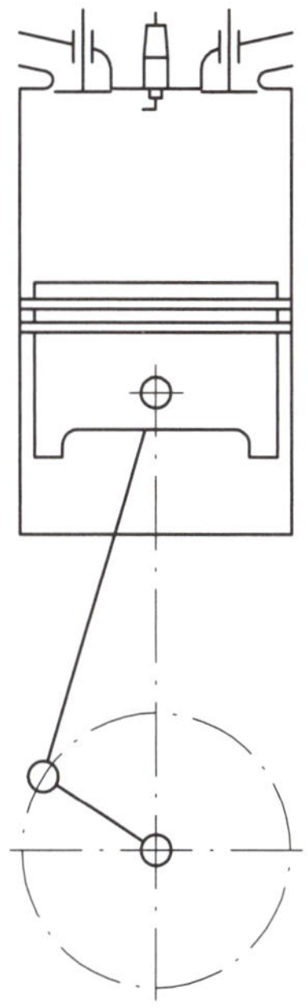	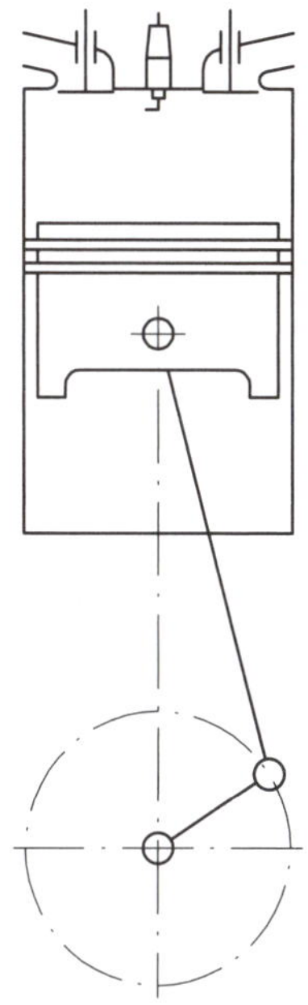	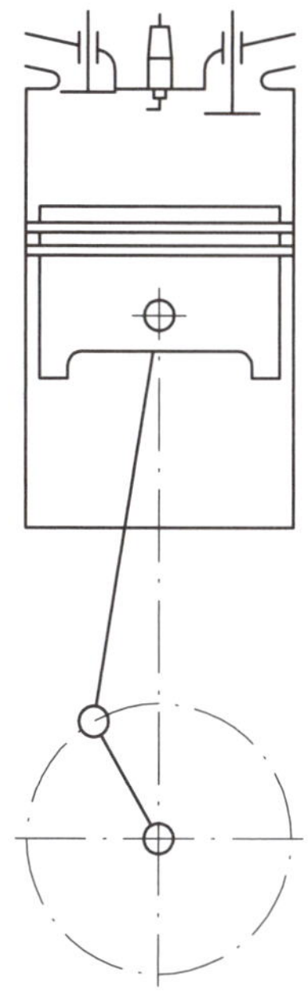
Benennung der Takte: 1. Takt	2. Takt	3. Takt	4. Takt
Temperatur im Zylinder:			
Druck im Zylinder:			
Einlassventil:			
Außlassventil:			

d) Wie viele Motorumdrehungen dauern die vier Takte eines kompletten Arbeitsspieles?

e) Was passiert im Motor, wenn der Drehzahlmesser nebenstehende Werte anzeigt?

Name: Klasse: Datum: Blatt:

Rudolf Diesel, geboren 1858, meldete 1892 seine Erfindung, einen Verbrennungsmotor, ohne die damals übliche Magnetzündanlage, zum Patent an. Der Wirkungsgrad seines vergaserlosen Motors lag weit über dem des schon älteren Otto-Motors. Die geringen Ansprüche seines Motors bezüglich der Wartung und der Brennstoffqualität passten hervorragend in die damalige Zeit. So bekamen nach kurzer Zeit die Dampfmaschinen als Schiffs- und Eisenbahnantriebe ernsthafte Konkurrenz. Leider war Rudolf Diesel als Kaufmann nicht so erfolgreich wie als Techniker. Er verschwand unter ungeklärten Umständen auf einer Überfahrt von Frankreich nach England. Heute hat der Anteil der Dieselfahrzeuge bei manchen Marken 50 % schon überschritten.

Vom Aufbau her sind Otto- und Dieselmotoren grundsätzlich sehr ähnlich. Durch die hohe Verdichtung und die großen Drücke im Zylinder sind die Bauteile des Dieselmotors jedoch viel stärker dimensioniert. Äußerlich sind die Unterschiede gut zu erkennen.

a) Beschreiben Sie, ähnlich wie beim Viertaktverfahren, die Vorgänge im Brennraum während eines kompletten Arbeitsspieles. Gehen Sie dabei auf die Unterschiede zum Ottomotor ein.

1. Takt:

2. Takt:

3. Takt:

4. Takt:

b) Woran kann man einen Dieselmotor am äußeren Aufbau erkennen?

c) Welche Besonderheiten sind bei der Wartung von Dieselmotoren zu beachten?

d) Mit welcher Technik wird bei fast allen Dieselmotoren die Motorleistung und das Drehmoment gesteigert? Erklären Sie kurz.

Name: Klasse: Datum: Blatt:

Die meisten Kraftfahrzeuge auf unseren Straßen haben entweder einen Diesel- oder Ottomotor und benötigen handelsübliche Kraftstoffe. Trotz der langsam zur Neige gehenden Rohölreserven werden unsere Kraftfahrzeuge noch etliche Jahrzehnte mit diesen Kraftstoffen fahren. Parallel dazu werden schon heute verschiedene Alternativen bis zur Serienreife entwickelt.

a) Welche Kraftstoffsorten kann man an allen Tankstellen erhalten? Geben Sie noch spezifische Merkmale (Oktanzahl oder Cetanzahl) und den aktuellen Kaufpreis an.

Kraftstoffsorte	Merkmal	Preis

Der Kaufpreis des Kraftstoffes enthält in Deutschland einen überwiegenden Anteil an Mineralölsteuer.

b) Informieren Sie sich, z. B. mithilfe des Internets, über die aktuelle Zusammensetzung des Benzinpreises. Stellen Sie den Benzinpreis und die anderen Größen maßstäblich als Tortendiagramm dar. Markieren und beschriften Sie die einzelnen Anteile farbig.

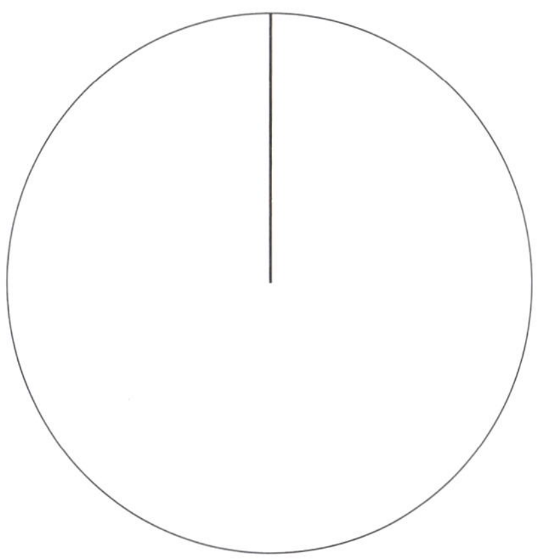

An den Tankstellen werden alle vier Kraftstoffsorten gemeinsam aus einer Tankanlage verkauft. So kann es durch Unachtsamkeit vorkommen, dass der Kunde den falschen Kraftstoff in sein Fahrzeug tankt.

c) Informieren Sie sich, z. B. unter www.autobild.de, welche Folgen dieser Fehler für die verschiedenen Motoren haben kann.

Benzin in Diesel:

Diesel in Benzin:

Normal in Super:

Die üblichen Antriebskonzepte (Verbrennungsmotoren) und die dazugehörigen Kraftstoffe haben verschiedene Nachteile wie z. B. der Preis, der Schadstoffausstoß und die begrenzten Vorräte. Deswegen werden alternative Antriebskonzepte und Energiequellen gesucht und entwickelt.

d) Nennen Sie weitere Energiequellen, die man im Kraftfahrzeug einsetzen kann.

Diese Alternativen haben alle Vor- und Nachteile gegenüber den handelsüblichen Kraftstoffen. Um sie miteinander vergleichen zu können, muss man sich geeignete Eigenschaften suchen.

e) Sammeln Sie verschiedene Eigenschaften von Kraftstoffen, so dass man die verschiedenen Konzepte miteinander vergleichen kann.

Sie werden nun in Gruppen alle wesentlichen Informationen zu den einzelnen Energieträgern zusammentragen und anschließend die Klasse informieren. Dazu gehört nach einer gründlichen Recherche eine Präsentation vor der Klasse und ein aussagekräftiges Informationsblatt.
Bevor Sie sich gleich in die Arbeit stürzen, machen Sie sich aber noch ein paar Gedanken.

f) Überlegen Sie Informationsquellen, die Sie anschließend nutzen können.
Lässt sich vielleicht eine Probe des Kraftstoffes oder sogar ein entsprechendes Fahrzeug besorgen?

g) Was ist bei Erstellung und Durchführung einer guten Präsentation vor der Klasse alles zu beachten?

Nur Ihre Gruppe hat sich eingehend mit Ihrem Thema befasst. Damit alle in der Klasse über diesen Informationsstand verfügen können, muss von Ihnen ein Informationsblatt erstellt werden.

h) Welche Anforderungen werden an ein „gutes" Informationsblatt gestellt?

Ein Kunde beklagt, dass an seinem Stammparkplatz ein größerer dunkler Fleck entstanden ist, vermutlich ein Ölfleck.

▶ IHR AUFTRAG! ◀

Keine Panik! – Dies ist ein Schulungsauftrag. Sie werden nicht allein gelassen und es wird auch nicht nach Arbeitseinheiten abgerechnet. Hier finden Sie eine Anleitung und Sie werden zu jedem Arbeitsschritt erst grundlegende Schulungsunterlagen bearbeiten. Bemühen Sie sich dennoch bei allen Arbeiten möglichst selbstständig zu handeln.

Auch in der Werkstattpraxis beginnt jede Instandsetzungsarbeit mit dem Einholen der nötigen Informationen zum Auftrag und dem Planen der auszuführenden Arbeiten. Erst dann wird zum Werkzeug gegriffen und die Reparatur bis zur Endkontrolle fachgerecht ausgeführt.

Montagetechnik

Bemerkung: **Erledigt:**

Der Kunde hat einen „Öl"-Fleck auf seinem Stammparkplatz bemängelt. Zur räumlichen Zuordnung der Schadensstelle müssen Sie das technische System Kraftfahrzeug mit Fachbegriffen gliedern können.

Hinweis: *Sie benötigen das Hintergrundwissen zu den Funktionseinheiten im Kfz (siehe Seite 19). Beginnen Sie auch, sich mit Gruppenarbeit vertraut zu machen. Das Arbeitsblatt Teamarbeit wird Sie anleiten.*

a) Überlegen Sie, welche Informationen für die Suche nach der Schadensstelle, zur Behebung des Schadens, zur Aufklärung der Schadensursache sowie zur Abgrenzung und Vermeidung von Folgeschäden nützlich sein könnten.
→ Schreiben Sie möglichst viele Gedanken als Stichpunkte (maximal fünf Worte) auf Karteikarten.
→ Formulieren Sie zu jedem Ihrer Stichpunkte einen Fragesatz. Ihre Gedanken werden präziser.

Beispiel zu Karteikarte und Fragesatz: **Ist Kundenfahrzeug Ölfleck-Verursacher?** → Ist das Kundenfahrzeug ausschließlich der Verursacher des Ölfleckes?

Fragesätze:

1. Auftragsanalyse im Team

a) Bilden Sie Kleingruppen (ca. 4 Personen) und stellen Sie den Kollegen Ihre Überlegungen vor. Verwenden Sie die Stichpunktkarten und verdeutlichen Sie Ihre Gedanken. Ihre formulierten Sätze haben Sie dabei nicht zur Hand.

b) Erstellen Sie gemeinsam anhand aller Ihrer Stichpunkte auf einem großen Papierbogen ein illustriertes Mind-Map. Beispiele und Informationen zu Mind-Maps finden Sie in Büchern wie z. B.: *Brain Land – Mind Mapping in Aktion* oder *im Internet*, z. B.: www.mindmap.de.

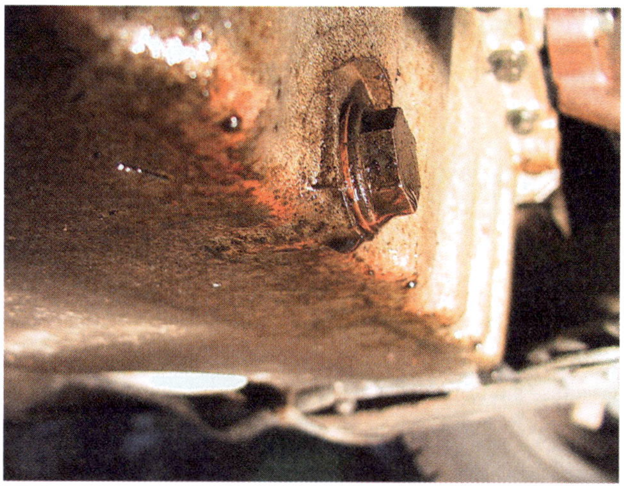

c) Präsentieren Sie Ihre Mind-Maps den anderen Gruppen.

d) Welche Fahrzeugsysteme sind mit welchen Flüssigkeiten gefüllt? Arbeiten Sie im Team. Suchen und betrachten Sie die Systeme am Schulungsfahrzeug und tragen Sie hier Stichpunkte ein.

2. Informationen vom Auftraggeber

Wenn Sie einen Auftrag übernehmen, können weitergehende Informationen des Kunden sehr hilfreich sein.

a) Formulieren Sie gezielte Fragen an den Kunden, durch die Sie nützliche Hinweise zu Ihrem Arbeitsauftrag erhalten könnten. Aber bitte: höfliche Fragen im Rahmen eines Gespräches. Die Fachsprache muss dem Kunden angepasst werden. Der Kunde darf nicht das Gefühl bekommen, verhöhnt zu werden (Ausdrucksweise und Tonfall) oder sich wegen der angewandten Fachsprache als Laie bloß gestellt fühlen.

b) Bilden Sie neue Kleingruppen. Einigen Sie sich auf sechs Fragen an den Kunden, die Sie auf Karteikarten schreiben.

c) Stafettenpräsentation:

- → Erstellen Sie wie abgebildet die Überschriften für eine große Übersicht (Magnettafel, Pinnwand).
- → Kommen Sie mit **einer** der vorbereiteten Karten abwechselnd und in beliebiger Reihenfolge aus den Gruppen zur Übersicht. Lesen Sie hier Ihre Karte laut vor. Heften Sie diese anschließend unter einem der beiden Bereiche an die Tafel.
- → Sortieren Sie nun gemeinsam nach Wichtigkeit, indem Sie Wichtiges nach oben umordnen (Anzahl der Karten zu einem Stichpunkt, Zuordnung auf Zuruf, Bewertung der Wichtigkeit mittels Klebepunkten).

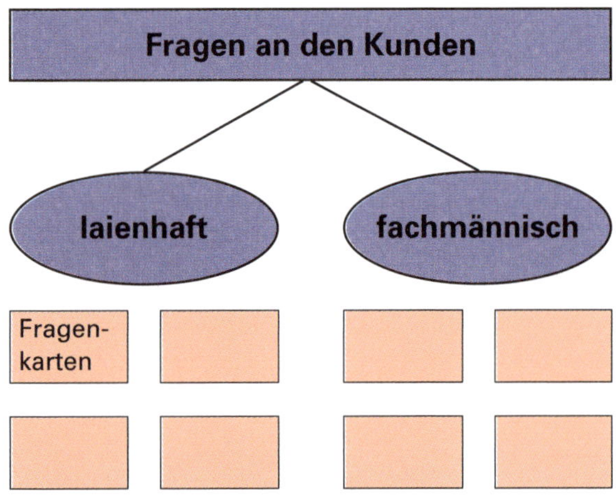

3. Fehlersuche

Das Fahrzeug verliert Flüssigkeit. Weiterhin erfuhren Sie im Gespräch mit dem Kunden, dass beim Tanken meistens Motoröl nachzufüllen war. Der letzte Ölservice wurde in Eigenregie durchgeführt.

a) Damit Sie zur Fehlersuche den Vorgang des Prüfens kennen, befassen Sie sich nun mit dem Arbeitsblatt Prüfen.

b) Planen Sie Arbeitsschritte zur Suche nach der Leckage. Beschreiben Sie mit Fachbegriffen.

c) Prüfen Sie gebrauchte Fahrzeuge aus Ihrem Kollegenkreis auf Dichtheit der Flüssigkeitssysteme.

d) Öltropfen sowie Öl- und Schlagspuren finden Sie im Bereich der Ölablassschraube. Die Schraube, auch eine neue, lässt sich nur schwer eindrehen und nicht mehr festziehen. Welcher Schaden liegt vor?

▶ Schaden: ◀

e) Diskutieren Sie mögliche Ursachen. Erkundigen Sie sich bei erfahrenen Mechanikern und formulieren Sie Aussagen.

1. Vorteile der Gruppenarbeit

Im Beruf muss man mit den verschiedensten Kollegen zusammenarbeiten, auch mal ein Arbeitsteam bilden. Deshalb werden Sie auch bei Schulungsaufträgen Teilaufgaben im Team erledigen. Gruppen entwickeln mehr Ideen als der Einzelne und können sehr leistungsfähig sein. Jedoch nur, wenn alle bereit sind ihre Fähigkeiten einzubringen und offen zusammenzuarbeiten.

Hinweis: *Die Teamzusammensetzung, die Aufgabenverteilung, die Sprecher und dergleichen sollten stets wechseln. Viele Wechsel nach dem Zufallsprinzip können helfen, dass jeder mit jedem zusammenarbeitet und für jede Aufgabe eingesetzt wird.*

a) Bearbeiten Sie eine Knobelaufgabe (z. B. Quadrat aus Geometriepuzzle legen, Würfel stecken und dgl.) in Konkurrenz zwischen einer Einzelperson und einer Kleingruppe (ca. vier Personen). Welche erkennbaren Vorteile bringt das Arbeiten in Gruppen? Formulieren Sie Aussagen.

b) Bilden Sie Kleingruppen. Ergänzen und diskutieren Sie Ihre Aussagen im Team.

c) Schreiben Sie Ihr Gruppenergebnis auf eine Folie. Ein Sprecher präsentiert das Gruppenergebnis.

2. Leitziele für meine Berufsausbildung

Als Auszubildender im Berufsfeld Fahrzeugtechnik arbeiten und handeln Sie nicht mehr nur für sich selbst. Sie haben sich für einen Dienstleistungsberuf entschieden und leisten technischen Service. Hierbei werden von vielen Seiten Erwartungen an Sie, Ihre Arbeit und Ihr Verhalten gestellt: der eigene Anspruch, Ihr Auftreten, der Kunde, der Ausbildungsbetrieb, die Sicherheit der Kollegen und der Allgemeinheit, unsere Umwelt, der Energieverbrauch usw.

a) Worauf wollen Sie bei Ihrer Berufsausbildung besonders achten? Formulieren Sie zu den genannten oder auch weiteren Stichpunkten selbstständig auf einem Notizblatt mindestens sechs kurze Leitziele. Schreiben Sie in der „Ich-Form". Beispiel: Als neuer Kollege werde ich grundsätzlich zuerst grüßen.

b) Bilden Sie nun 3er Gruppen nach dem Zufallsprinzip.

c) Stellen Sie innerhalb der Gruppe gegenseitig Ihre Ziele vor.

d) Einigen Sie sich in Ihrer Gruppe auf fünf gemeinsam formulierte Leitziele. Schreiben Sie diese hier auf.

Leitziele für meine Berufsausbildung

e) Erstellen Sie gemeinschaftlich ein Poster mit Illustrationen zu Ihren Leitsätzen.

f) Hängen Sie alle Poster im Schulungsraum auf. Aus jeder Gruppe erklärt ein unmittelbar vor der Präsentation nach Zufall gewählter Gruppensprecher das Poster allen Mitschülern.

Montagetechnik

Name: Klasse: Datum: Blatt:

Vor, während und nach jeder Service- oder Reparaturarbeit am Kfz sind Prüfarbeiten auszuführen.

Subjektives Prüfen ⟵ **Prüfen** ⟶ **Objektives Prüfen**

Subjektives Prüfen erfolgt ausschließlich mit den menschlichen Sinnesorganen.

Objektives Prüfen erfolgt mit Prüfmitteln zum Messen und Lehren.

a) Nennen Sie Beispiele für subjektive Prüfvorgänge am Kfz mit den Sinnesorganen Auge, Gehör, Gefühl und Geruch.

b) Sie sollen den Motorölstand prüfen. Welche Art des Prüfens (subjektiv/objektiv) führen Sie aus? Begründen Sie.

c) Erklären Sie zu diesem Beispiel die Fachbegriffe:

Sollwert: →

Istwert: →

d) Mit welcher Entscheidung endet dieser Prüfvorgang? Welche Maßnahmen ergreifen Sie?

1. Messen

Beim Messen wird das Prüfstück mit einem Messgerät verglichen.

e) Welcher Wert (Ist- oder Sollwert) wird am Messmittel abgelesen?

b) Unterscheiden Sie *direktes* und *indirektes Messen*.

z. B. Längenmessung mit Stahllineal

z. B. Lagerspielmessung mit Plastigage

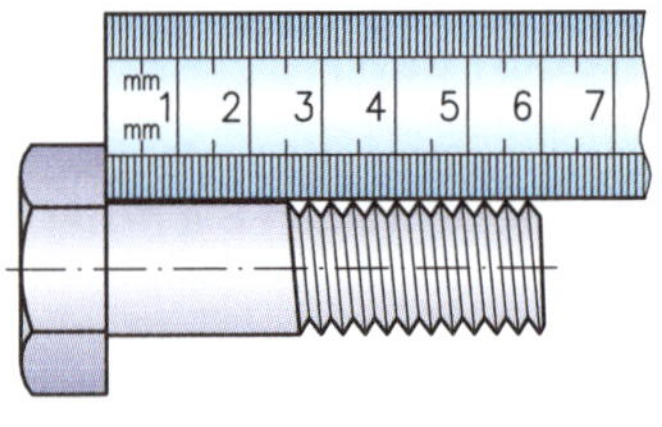

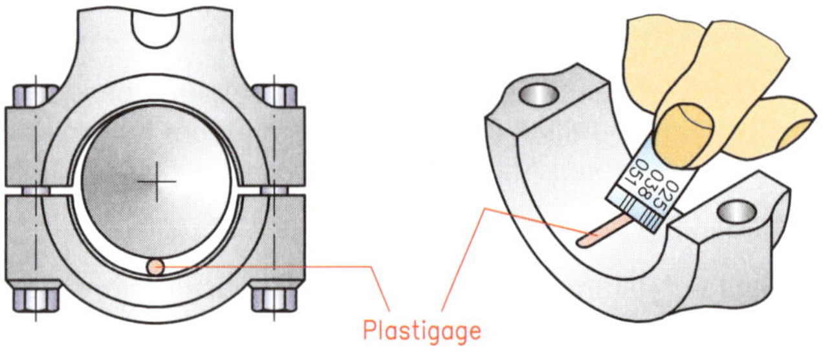

2. Lehren

Lehren verkörpern **Maße** oder **Formen**.

a) Was wird mit Grenz-Maßlehren festgestellt?

b) Welcher Vergleich erfolgt mit Formlehren?

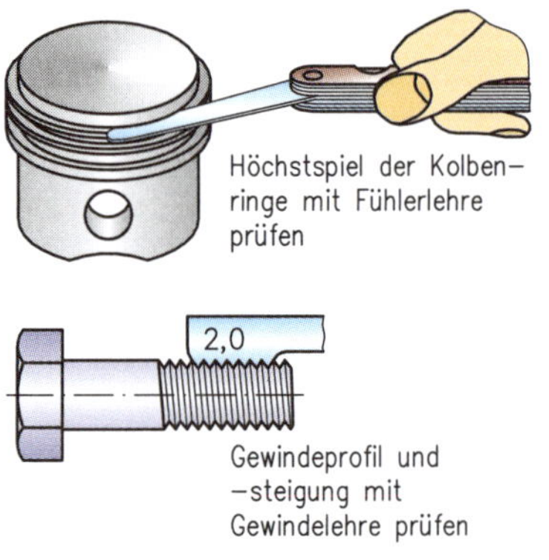

c) Welches Ergebnis erhält man beim Prüfen mit Lehren?

Name: | Klasse: | Datum: | Blatt:

Zutritt nur für Befugte

In der Kfz-Werkstatt lauern viele Gefahren, die der Fachmann kennt und mit denen er auch sicher umgehen kann. Und nur wer sich sicher fühlt, hat Spaß an der Arbeit, vermeidet Unfälle und bleibt gesund. Dass Sicherheit den ausgebildeten Fachmann braucht, lesen Sie auch als allgemeine Vorschrift an jedem Werkstattzugang.

Hinweis: *Arbeitsschutzvorschriften und UVV erhalten Sie in Ihrem Ausbildungsbetrieb, Informationen im Internet:* www.hvbg.de, www.next-line.de, www.dekra.de *usw., Videos auf der dem Buch beigefügten DVD.*

Im Betrieb sind die Vorschriften des ASchG und die UVV zu beachten.

a) Was bedeuten ASchG und UVV?

ASchG → ____________________ UVV → ____________________

Sie sollen Ihre Arbeit sicher leisten können und gesund bleiben. Damit Sie mit allen Gesundheits- und Unfallgefahren in der Kfz-Werkstatt sicher umgehen können, ist es notwendig, dass Sie sich bei entsprechenden Arbeiten rechtzeitig mit den Sicherheitsvorschriften befassen oder unterweisen lassen.

b) Mit welchen Gesundheits- und Unfallgefahren müssen Sie in der Kfz-Werkstatt umgehen können? Einiges wissen Sie sicher schon. Formulieren Sie hierzu kurze Aussagen zum Unfall- und Gesundheitsschutz in der Kfz-Werkstatt.

c) Präsentieren Sie Ihre Regeln in Gruppen und erstellen Sie dann gemeinsam ein Poster zum Unfallschutz im Kfz-Betrieb.

d) Wer ist laut Arbeitsschutzgesetz für den Gesundheits- und Arbeitsschutz im Betrieb verantwortlich und wer unterstützt den Verantwortlichen hierbei? Erkundigen Sie sich, wer in Ihrem Betrieb für Sicherheit zuständig ist.

Verantwortlich ist: ____________________

Unterstützung leisten: ____________________

In meinem Betrieb: ____________________

Zuständiger Betriebsarzt: ____________________

e) Dürfen Sie sich als Auszubildender vor der Verantwortung für ihre eigene Sicherheit und die ihrer Kollegen drücken? Erklären Sie ausführlich. Siehe hierzu im Internet: www.next-line.de (next-line / archiv / Arbeit und Gesundheit, Ausgabe 01/03).

Montagetechnik

Name: | Klasse: | Datum: | Blatt:

Ihr Betrieb muss für jede Reparatur Garantie gewähren. Dies erfordert, dass Sie als Mitarbeiter jeden Auftrag fachgerecht und unter Beachtung aller Vorschriften ausführen.
Auch bei mündlichen Werkstattaufträgen wird zwischen dem Kunden und dem Reparaturbetrieb ein Werkvertrag geschlossen. Für diese Verträge ist die Gewährleistungspflicht im BGB gesetzlich geregelt. Weitergehende Regelungen Ihrer Firma finden Sie in den AGB/Lieferbedingungen.

Hinweis: *Das BGB mit dem im Jahre 2002 aktualisierten Schuldrecht finden Sie im Internet:* http://bundesrecht.juris.de/bundesrecht/bgb/ *oder* http://dejure.org/gesetze/BGB

Was bedeutet: **BGB** → ______

AGB → ______

1. Schadensersatz bei Schlechtleistung nach BGB

Wenn der Kunde bei seinem reparierten Fahrzeug Mängel feststellt und reklamiert, so hat er nach BGB Ausgleichsansprüche.

Mangelhafte Lieferung (Schlechtlieferung) nach § 633 BGB
→ **Rechte des Kunden** (Bestellers) gemäß § 634 ff. BGB

vorrangige Forderung

nachrangige Forderungen

Ausgleichanspruch nach § 635 BGB:

______

Der Betrieb trägt alle im Rahmen der Nachbesserung anfallenden Kosten. Mehrere Nachbesserungsversuche innerhalb einer angemessenen Frist sind möglich.

Nach erfolglosem Ablauf einer angemessenen Frist zur Nachbesserung entstehen Ansprüche nach §§ 636, 637 und 638 BGB:

→ ______

→ ______

→ ______

Zusätzliche Ausgleichsansprüche, wenn Verschulden durch Pflichtverletzung bei der Vertragserfüllung vorliegt.

Umfassender Schadensersatz nach …

§ 280 ______

§ 284 ______

a) Lesen Sie alle angeführten §§ im BGB nach. Verwenden Sie die als Artikelüberschriften gesetzten Fachbegriffe nach BGB und beschreiben Sie mit wenigen Worten die Ausgleichsansprüche des Bestellers bei Schlechtlieferung. Beim umfassenden Schadensersatz ergänzen Sie mit einem Beispiel.

b) Nach welcher Zeit verjähren Gewährleistungsansprüche gegen Ihren Betrieb wegen Mängel bei Reparaturarbeiten (siehe § 634 a BGB) und den eingebauten Ersatzteilen (§ 438 BGB)?

c) Wie handelt Ihr Ausbildungsbetrieb wenn ein Kunde Reparaturarbeiten reklamiert? Erkundigen Sie sich bei Ihrem Ausbilder nach Beispielen zu größeren Reklamationsfällen. Notieren Sie Stichworte (ein Stichwort pro Zeile) zu den wesentlichen Aussagen. Wenn in Ihrem Betrieb AGB für Werkverträge gelten, lassen Sie sich diese geben.

d) Ordnen Sie Ihren Stichpunkten zur Schadensregulierung im Betrieb evtl. Fachbegriffe nach BGB bzw. AGB zu.

e) Wie wirken sich wiederholt vorkommende Gewährleistungsansprüche auf einen Betrieb aus?

2. Verantwortung als Auszubildender

a) Berichten Sie sich anhand nebenstehender Stichpunkte gegenseitig in Arbeitsgruppen, was Sie bereits zur Gewährleistung bei Werkverträgen wissen.

b) Wie ist die Aussage „ich bin nur Azubi" in diesem Zusammenhang zu verstehen? Diskutieren Sie hierzu in der Arbeitsgruppe und formulieren Sie anschließend Ihre Meinung.

Auch für Sie als Auszubildenden wird es Folgen haben, wenn Sie z. B. Vorschriften nicht beachten, die Anweisungen des Ausbilders ignorieren, wiederholt unsachgemäß und ohne Sorgfalt arbeiten. Ein „Anpfiff" vom Chef ist sicherlich nicht die einzige Konsequenz.

c) Informieren Sie sich im Berufsbildungsgesetz. Das BBiG finden Sie in Ihrem Ausbildungsvertrag. Formulieren Sie unter Angabe des BBiG-Paragrafen eine Aussage zu Ihren Verpflichtungen. Welche Folgen können nach BBiG schwerwiegende Verstöße haben?

Name:	Klasse:	Datum:	Blatt:

Für die mechanische Instandsetzung der Leckage muss das Ölwannenunterteil am Fahrzeug ausgebaut werden. Hierzu benötigen Sie einen Handlungsplan, eine genaue Anleitung.

a) Wo finden Sie Anleitungen zur Demontage und Montage von Fahrzeugsystemen?

➔

➔

➔

➔

b) Erstellen Sie für Ihren Arbeitsauftrag, den Sie am Schulungsfahrzeug ausführen werden, die Demontage- und Montageanleitung. Hierbei wird Ihnen das Arbeitsblatt „Arbeitspläne" S. 60 weiterhelfen.

c) Beim Montieren und Demontieren werden Bauteile gefügt bzw. deren Fügung aufgehoben. Die hierzu erstellten Handbücher der Fahrzeughersteller sind knapp formuliert und setzen Fachkenntnisse voraus. Bearbeiten Sie: Fügen, Gewinde, alle Unterlagen zur Schraubenverbindung, stoffschlüssige Fügeverfahren sowie Korrosion und Korrosionsschutz.

1. Demontage und Montage der Ölwanne

Beim Montieren sind vorrangig die Hände gefährdet, vor allem wenn Werkzeuge bei Kraftanwendung abgleiten. Besondere Vorsicht erfordern schwer zugängliche Montagestellen oder fest gewordene Schraubverbindungen.

a) Worauf sollten Sie achten, damit Sie sich keine blutigen Finger holen?

b) Demontieren Sie die Ölwanne nach Ihrem Arbeitsplan.

Hinweis: *Zur Vermeidung unnötigen Ölverbrauchs sollten die Arbeiten zur Vordemontage am Schulungsfahrzeug und die Demontage der Ölwanne am ölfreien Montage-Schulungsmotor ausgeführt werden.*

c) Reinigen Sie alle demontierten Bauteile und prüfen Sie diese auf Beschädigungen.

d) Ermitteln Sie die Maße und Gewindenorm bei der Ölablassschraube (siehe Arbeitsblatt Prüfarbeiten S. 71).

e) Da die Instandsetzung der Gewindebohrung für die Verschlussschraube an einem Modellwerkstück durchgeführt wird, ist das Fahrzeug nach dem Prüfen wieder zu montieren.

f) Welche Vorschriften finden Sie zum Festziehen der Schrauben bei der Ölwannenmontage. Begründen Sie die Vorgaben.

Ölwannenmontage	Anzugsmoment	weitere Vorgaben	Begründung der Vorgaben
Befestigungsschrauben			
Ölablassschraube			

Montagetechnik

Name: Klasse: Datum: Blatt:

In Werkstatthandbüchern werden die Demontage- und Montagevorgänge in Einzelschritten beschrieben und mit Zeichnungen verdeutlicht. Diese Zeichnungen zeigen die einzelnen Bauteile und ihre Lage zueinander in perspektivischer Darstellung.

Hinweis: *Als Grundlage für Ihre Arbeitspläne benötigen Sie das Handbuch zu Ihrem Schulungsfahrzeug.*

a) Benennen Sie die in Handbüchern verwendete Zeichnungsart sowie die darin angegebenen Nummern mit Fachbegriffen.

b) Welche Bedeutung haben die Positionsnummern in der Zeichnung? Erklären Sie.

Werkstatthandbücher sind nach Arbeitspositionen geordnet. In der Anleitung zum Aus- und Einbauen des Ölwannenunterteils finden Sie zahlreiche Verweise auf die notwendigen Vorarbeiten, die im Handbuch an anderer Stelle als eigenständige Reparaturgruppe beschrieben sind.

c) Erstellen Sie aus den vorhandenen Unterlagen fortlaufend beschreibende Arbeitspläne zur Demontage und Montage der Ölwanne. Ihren Demontage- und Montageplan erstellen Sie arbeitsteilig und tauschen ihn aus.

Hinweis: *Die vorhandenen Teilpläne zu den Arbeitspositionen müssen Sie anhand der Querverweise in die notwendige Reihenfolge bringen.*

Nutzen Sie die Datenverarbeitung am PC. Ihren Arbeitsplan können Sie in einem Textverarbeitungsprogramm zusammenstellen. Beginnen Sie mit dem Kopf und fügen Sie dann eine zweispaltige Tabelle ein, linke Spalte für den Text, rechte für die Bilder (siehe Beispiel). Zeichnungen kopieren Sie vom Datenträger, mit Print Screen vom Monitor oder scannen Sie die gedruckten Vorlagen.

Beispiel:

Name der Schule		
Name:	Klasse:	Datum:

Gesamtplan: **Ölwannenunterteil ausbauen**

Fahrzeugtyp:

Geräuschdämpfung ausbauen

1 – Geräuschdämpfung vorn
- **ausbauen:**
  - Schnellverschlussschraube – Pos. 2 – öffnen,
  - Geräuschdämpfung etwas nach unten ziehen und nach hinten herausnehmen.

2 – Schnellverschlussschraube
- 6 Stück

3 – Scheibe
- 6 Stück

4 – Sicherungsscheibe
- 6 Stück

5 – Schnappmutter
- 6 Stück

6 – Stoßfänger

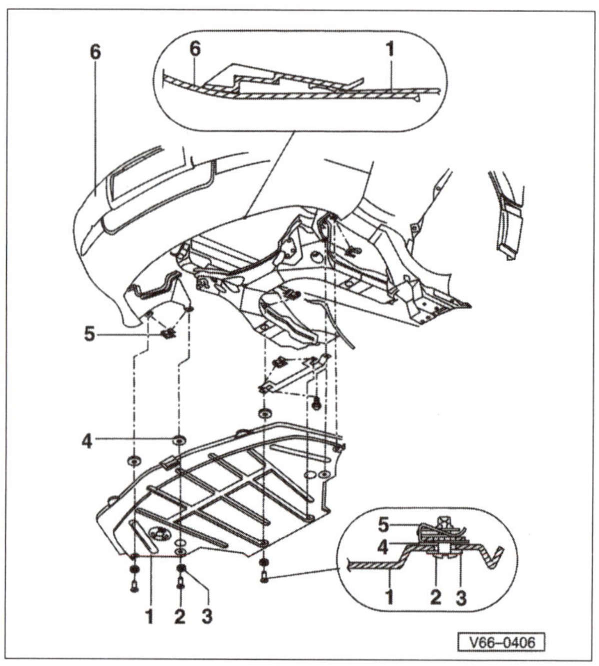

Stoßfänger vorn ausbauen

usw.

Name: Klasse: Datum: Blatt:

1. Fügeverfahren

a) Fügen ist der Fachausdruck für das

b) Man unterscheidet Fügen durch: *Passen* oder *Zusammenlegen*, *Anpressen* oder *Einpressen*, *Umformen*, *Stoffverbinden*. Ordnen Sie die Fügeverfahren in der Tabelle zu und nennen Sie weitere Praxisbeispiele.

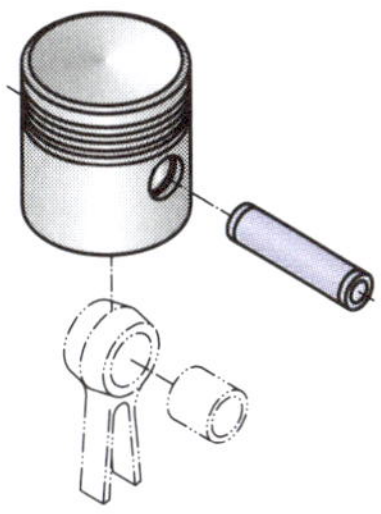	Fügen durch Praxisbeispiele:	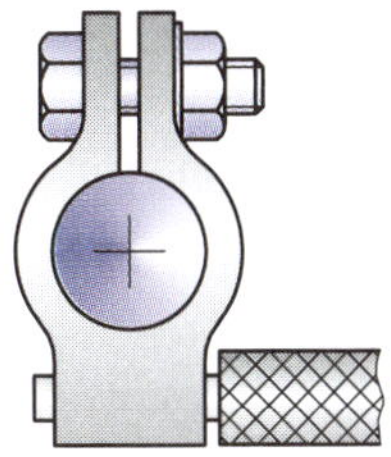	Fügen durch Praxisbeispiele:
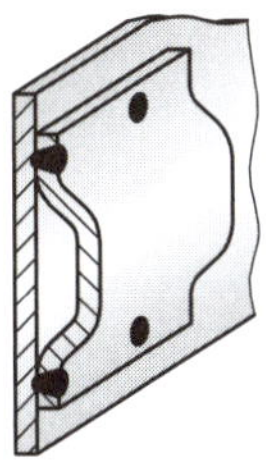	Fügen durch Praxisbeispiele:	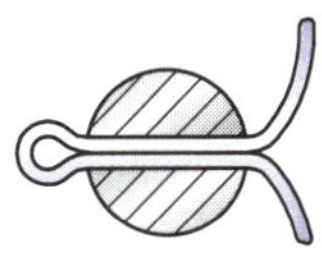	Fügen durch Praxisbeispiele:

2. Einteilung der Verbindungen

a) Wie unterteilt man Verbindungen nach ihrer Beweglichkeit?

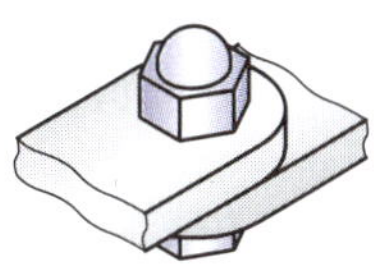

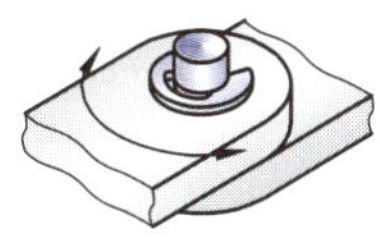

b) Geben Sie in der Tabelle die Fachausdrücke zur Unterscheidung von Verbindungen an.

c) Ordnen Sie die folgenden Verbindungsverfahren bzw. -elemente in der Tabelle zu: *Kleben, Schrauben, Falzen, Stifte, Löten, Bolzen, Passfedern, Pressverbindungen, Kegelkupplung, Schweißen, Sicherungsringe, Niete, Kerbverzahnungen.*

Lösbarkeit / Art des Zusammenhalts	Verbindungselement ist wiederverwendbar	Verbindungselement wird beim Lösen zerstört
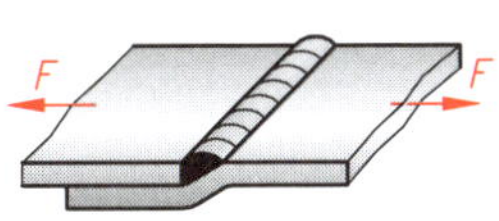 Molekulare Bindungskräfte verhindern eine Verschiebung der Bauteile.		
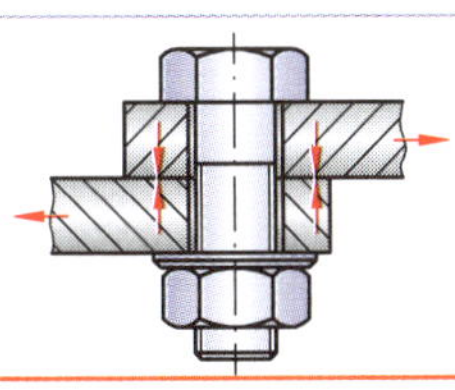 Die Reibkraft verhindert eine Verschiebung der Bauteile.		
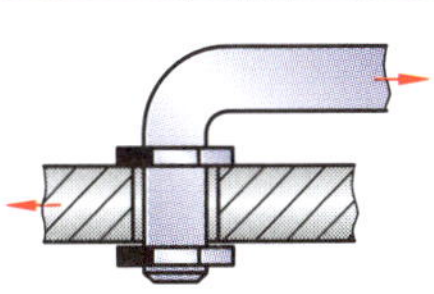 Die Werkstückform verhindert eine Verschiebung der Bauteile.		

Name: | Klasse: | Datum: | Blatt:

1. Gewindeaufbau

Ein Gewinde ist eine schraubenlinienförmig um einen Zylinder gewundene Nut. Die Abwicklung einer Gewindenut ergibt eine schiefe Ebene, einen Keil.

a) Berechnen Sie im Arbeitsfeld den Umfang des Zylinders mit 14 mm Durchmesser.

b) Zeichnen Sie die Abwicklung des im Maßstab 2:1 dargestellten Gewindeganges.

c) Zeichnen Sie mit einer anderen Farbe die Abwicklung eines Gewindeganges M14 x 1,5 (Maßstab 2:1).

d) Bemaßen Sie die beiden Gewindesteigungen mit Formelbuchstaben und Maßgrößen.

Ges.: Geg.:

Lös.:

Maßstab 2:1

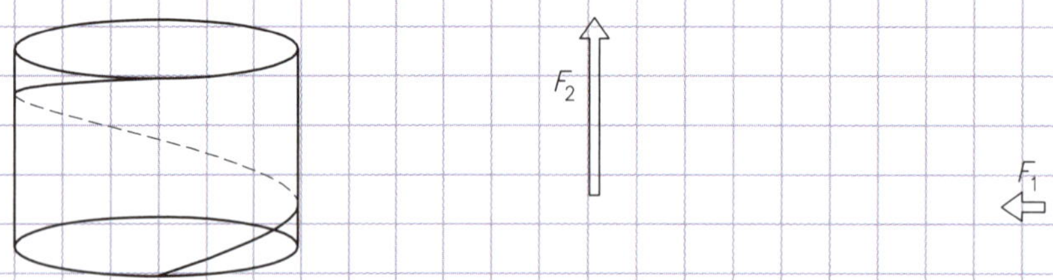

e) Wie ändern sich bei kleiner Gewindesteigung die Kraftübersetzung (das Verhältnis von F1 zu F2) und die Selbsthemmung (Gegenteil zum Abgleiten/zur Selbstdrehung)?

Hinweis: *Vergleichen Sie die beiden Gewindesteigungen auch rechnerisch nach dem Gesetz der Schiefen Ebene.*

2. Maße und Benennungen am Gewinde

a) Geben Sie die Benennungen (siehe Tabellenbuch) an.

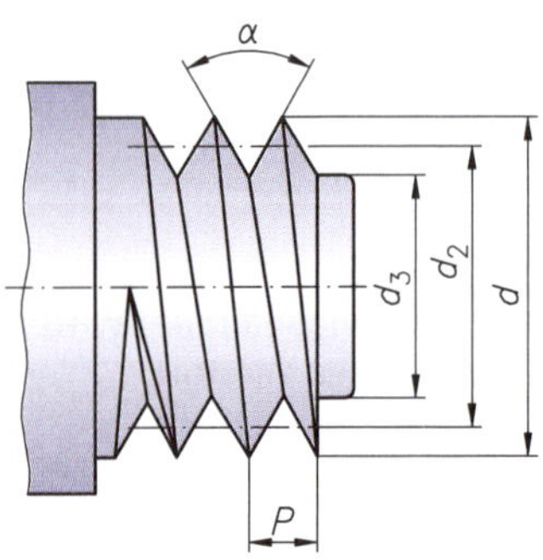

Benennungen

d =		= D
d_3 =		= D_1
d_2 =		= D_2
P =		= P
α =		= α

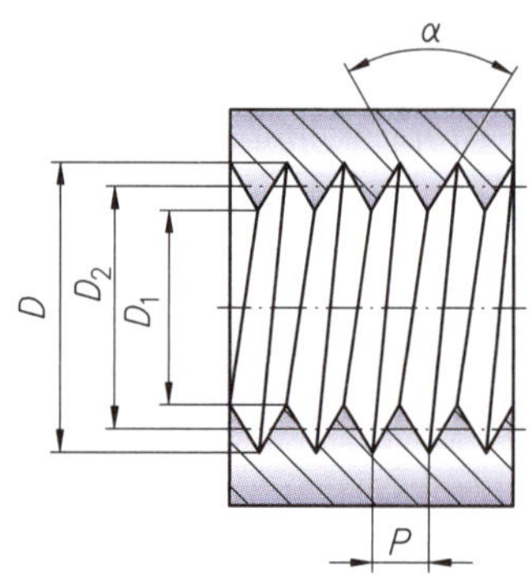

3. Gewindeprofile und Normen

a) Benennen Sie die Gewindeprofile nach Norm und erklären Sie die Angaben zum Normungsbeispiel.

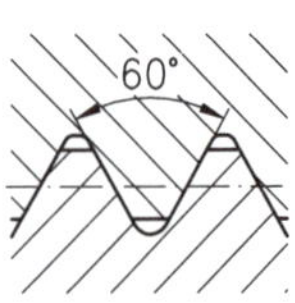

z. B.:
DIN 13 – M12

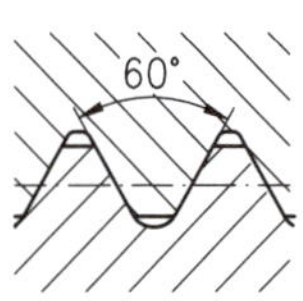

z. B.:
DIN 13 – M12 x 0,5

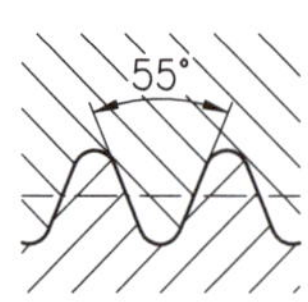

z. B.:
DIN 2999 – R 1/4

b) Welches Profil und welche gemeinsamen Eigenschaften haben alle Befestigungsgewinde? Begründen Sie.

1. Festziehen von Schraubenverbindungen

a) Bezeichnen Sie die Kräfte (Pfeile) und Reibungen (Punktsymbole) beim Anziehen einer Schraubenverbindung.

① ______________________

② ______________________

③ ______________________

④ ______________________

⑤ ______________________

⑥ ______________________

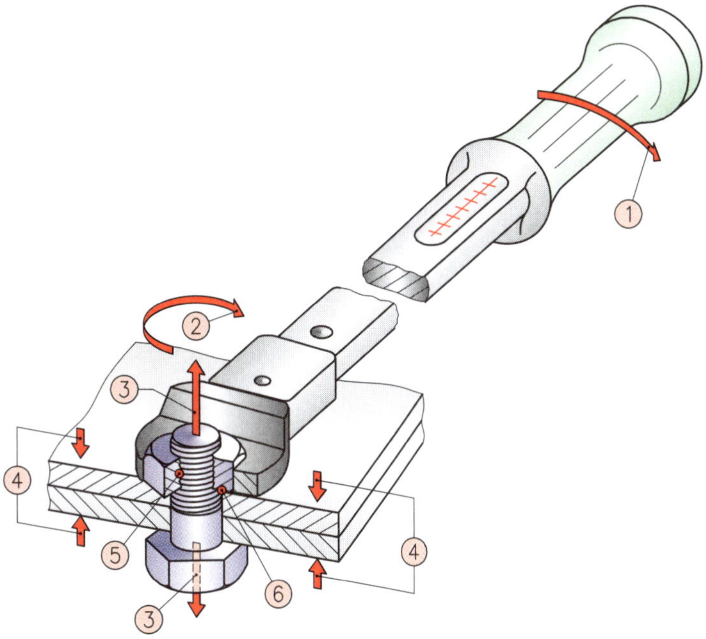

b) Mit welchen zwei Veränderungen steigt das Drehmoment an der Schraube?

____

____

____

c) Bemaßen Sie die wirksame Hebellänge des Drehmomentschlüssels und beschriften Sie die Maßlinie mit „wirksame Hebellänge".

d) Nach welcher Formel werden Drehmomente berechnet?

Wortformel: ______________________ Buchstabenformel: ______________________

e) Mit welcher Kraft muss an einem Schlüssel mit 480 mm wirksamer Hebellänge gezogen werden, damit ein vorgeschriebenes Anziehmoment von 80 Nm aufgebracht wird?

Ges.: Geg.:
Lös.:

Hinweis: *Informationen finden Sie auch im Internet. Verwenden Sie Suchmaschinen und verbundene Fachbegriffe.*

f) Was geschieht in der Schraubenverbindung beim Aufschrauben und Festziehen der Mutter mit Anziehdrehmoment? Beschreiben Sie das Entstehen der kraftschlüssigen Verbindung.

____

____

____

____

g) Von dem Schraubenanzugsmoment können nur 10 bis 20 % für die Vorspannung genutzt werden, der große Rest wird zur Überwindung der Reibung benötigt. Welche Auswirkung hat deshalb ein erhöhter Reibwert (Oberflächenrauhigkeit, trockenes Gewinde) bei gleichem Anzugsmoment auf die Schraubenvorspannung? Begründen Sie.

____

____

h) Zylinderköpfe sind häufig in zwei Stufen anzuziehen, denn drehwinkelabhängiges Anziehen erfolgt reibungsunabhängig. Informieren Sie sich hierzu in Werkstatthandbüchern und beschreiben Sie die beiden Arbeitsvorgänge.

1. Stufe: ______________________

2. Stufe: ______________________

2. Gestaltung von Schraubenverbindungen

a) Nennen Sie wesentliche Eigenschaften der dargestellten Schraubenverbindungen.

b) Wo sind diese Schraubverbindungen am Kfz zu finden? Nennen Sie Beispiele.

Durchsteckschraube mit Mutter

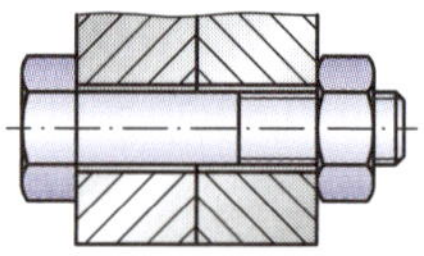

Beispiel:

Einschraubverbindung mit Grundloch

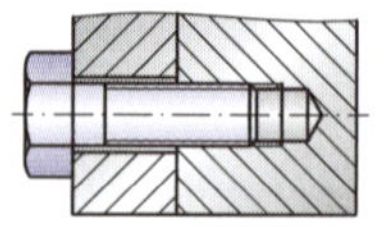

Beispiel:

Verbindung mit Feingewinde

z. B. Sicherheitsgurtschraube: 7/16 – 20 UNF

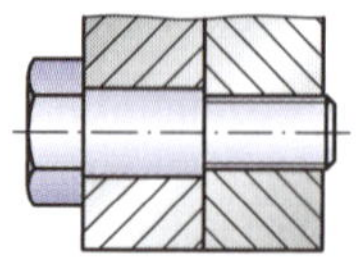

Beispiel:

Stiftschraube mit Mutter

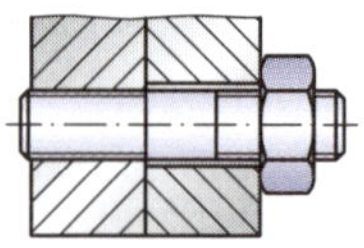

Beispiel:

Dehnschraube

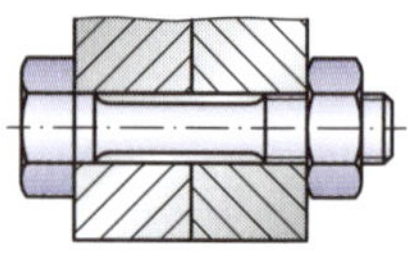

Beispiel:

Passschraube

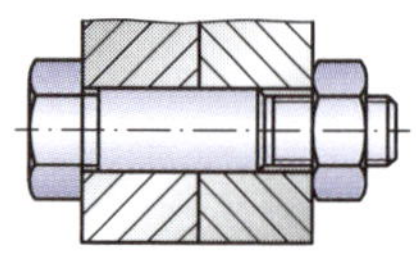

Beispiel:

3. Schrauben- und Mutterformen

Die zahlreichen genormten Standardschrauben und Mutterarten nach ISO, EN und DIN werden durch weitere Schrauben- und Kopfformen nach Herstellernormen ergänzt. Die Vielzahl ist enorm.

a) Benennen Sie die Schraubenformen, Schraubenkopfsymbole und Mutternformen.

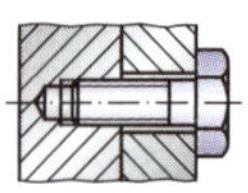

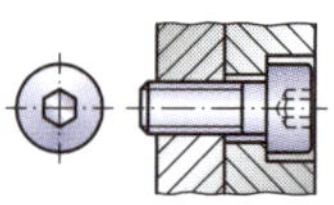

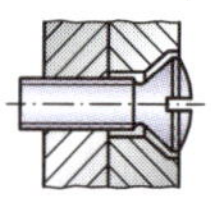

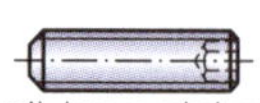

mit Innensechskant und Ringschneide

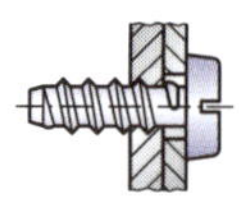

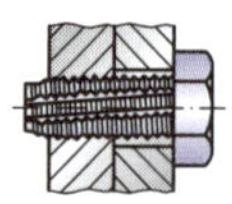

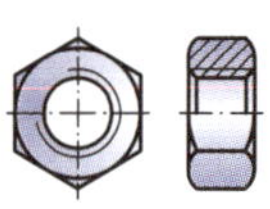

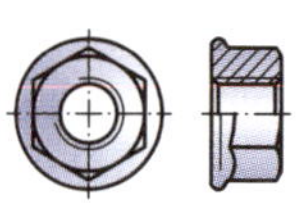

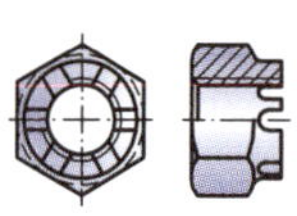

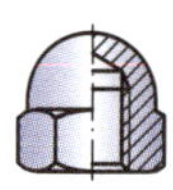

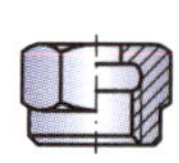

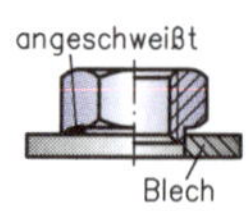

Schraubverbindungen werden vorgespannt und müssen unter Betriebslast zu jedem Zeitpunkt die geforderte Mindestklemmkraft aufbringen. Ein Verlust der Klemmkraft bedeutet das Versagen der Schraubverbindung.

1. Lockern und Losdrehen

Schraubengewinde sind grundsätzlich selbsthemmend, besonders bei Feingewinden.

a) Wodurch können sich Schraubenverbindungen dennoch lösen, sodass Schraubensicherungen nötig werden?

b) Erklären Sie stichpunktartig das Lockern und Losdrehen mit Fachbegriffen und nennen Sie Maßnahmen zur Abhilfe.

	Lockern	Losdrehen
Vorgang		
Abhilfe		

2. Schraubensicherungen

a) Erklären Sie die Funktion von Setz-, Losdreh- und Verliersicherungen.

Setzsicherungen

Losdrehsicherungen

Verliersicherungen

b) Benennen Sie die Schraubensicherungen.

c) Ordnen Sie im Kästchen Kennbuchstaben zu: Setzsicherung → ***S***, Losdrehsicherung → ***L***, Verliersicherung → ***V***

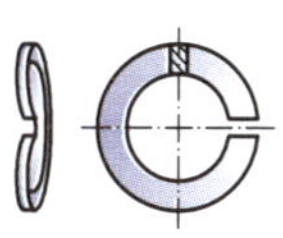

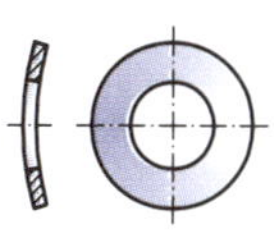

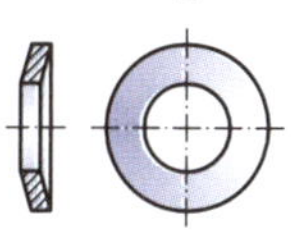

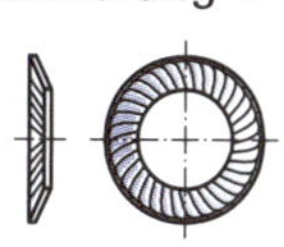

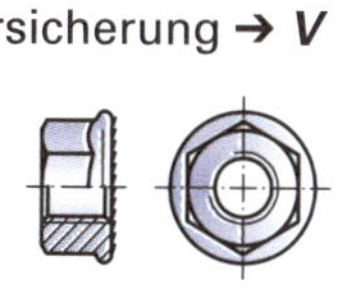

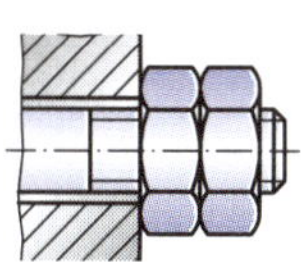

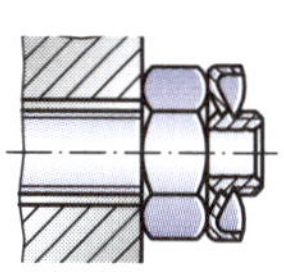

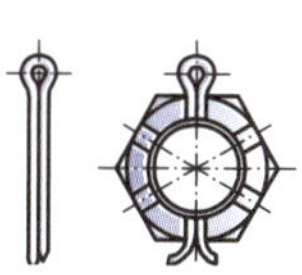

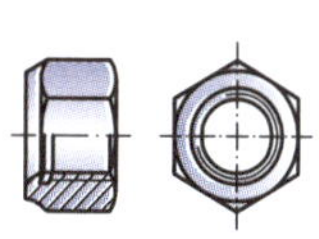

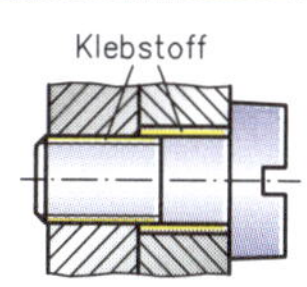

d) Weshalb sind Federringe, Zahnscheiben, Fächerscheiben und dgl. nur bedingt einsetzbar?

Schraubenfestigkeit und Normung

LERN FELD 1 3 4

Name: | Klasse: | Datum: | Blatt:

1. Schraubenfestigkeit

Alle Sechskantschrauben, Zylinderschrauben mit Innensechskant und Sechskantmuttern mit Festigkeitsklasse müssen ab M5 Nenndurchmesser mit ihrer Festigkeitsklasse nach DIN EN 20898 gekennzeichnet werden.

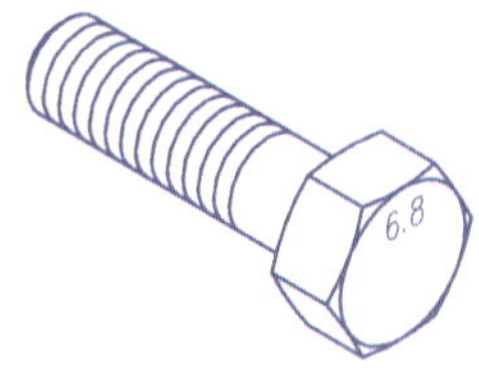

Festigkeitsklassen von Schrauben nach DIN EN ISO 898-1								
3.6	4.6	4.8	5.6	5.8	6.8	8.8	10.9	12.9

a) Die 1. Zahl (1. Zahl · 100 N/mm²) kennzeichnet die ______ in ______

Die 2. Zahl (1. Zahl · 2. Zahl · 10 N/mm²) kennzeichnet die ______ in ______

b) Erklären Sie die Festigkeitsbezeichnung.

6.8 → ______

c) Was passiert mit Schrauben bei einer Materialbelastung oberhalb der

Streckgrenze → ______

Zugfestigkeit → ______

d) Was ist hinsichtlich der Festigkeitsklasse beim Austausch von Schrauben zu beachten?

______

Muttern werden mit ihrer Festigkeitsklasse 4, 5, 6, 8, 10 bzw. 12 oder mit einer Symbolkennzeichnung versehen.

e) Welche Festigkeitsklasse markiert der Strich auf der Mutter? Lesen Sie nach der Uhrzeigerstellung ab.

______

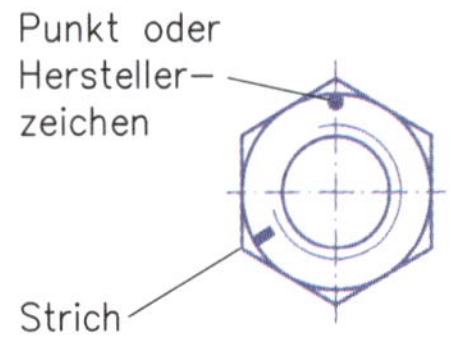

2. Schraubennormung

Normungsbeispiel:

Zylinderschraube ISO 4762 – M10 x 50 – 10.9

→ Zylinderschraube mit Innensechskant nach ISO 4762, metrisches ISO-Gewinde mit 10 mm Nenndurchmesser, 50 mm Schraubenschaftlänge, 1000 N/mm² Mindestzugfestigkeit, 900 N/mm² Mindeststreckgrenze.

Beachte: Bei Kopfschrauben wird die Schaftlänge, bei Senkschrauben die Gesamtlänge angegeben.

Suchen Sie anhand der ISO-Nr. im Tabellenbuch die Schraubenbezeichnung und erklären Sie alle Normangaben.

a) Sechskantschraube ISO 4014 – M16 x 80 – 8.8

______

b) Senkschraube ISO 7047 – M5 x 20 – 4.8

______

c) Gewindestift ISO 4027 – M4 x 12

______

1. Schweißen

a) Welche Werkstoffe (Teile) der Fahrzeugkarosserie können geschweißt werden?

b) Lassen sich auch unterschiedliche Werkstoffe (verschiedene Metalle, ungleichartige Kunststoffe) verschweißen?

c) Welche Eigenschaften haben Metall-Schweißverbindungen?

2. Schweißverfahren

a) Benennen Sie die dargestellten Schweißverfahren mit Fachbegriffen.
b) Nennen Sie typische Anwendungen bei der Karosserie-Instandsetzung.
c) Ordnen Sie die Oberbegriffe *Schmelzschweißen* und *Pressschweißen* zu.
d) Formulieren Sie ausführlich die Vorgänge bei den Schweißverfahren.

a)

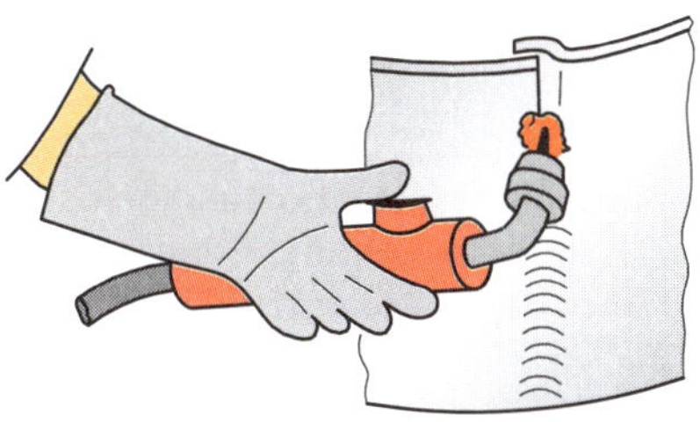

b) Anwendung

a)

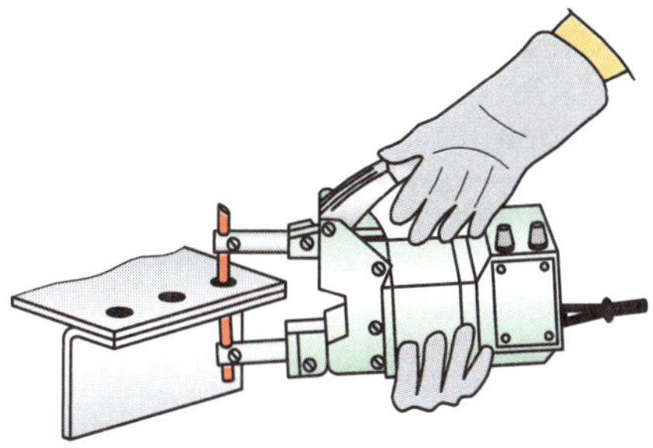

b) Anwendung

a)

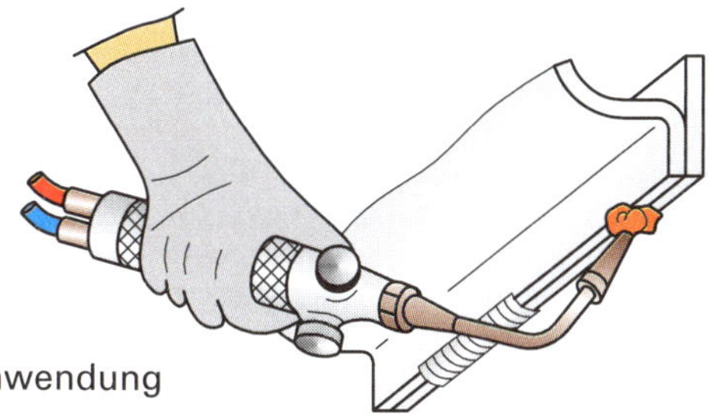

b) Anwendung

a)

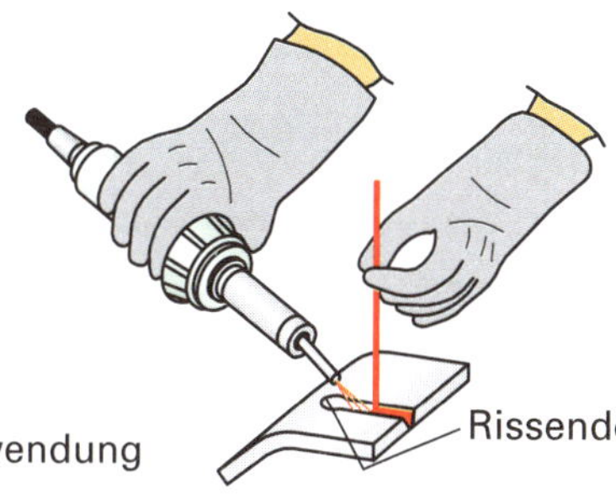

b) Anwendung

c)

d) Anwendung

c)

d) Anwendung

3. Kleben

a) Nennen Sie Beispiele für Fügen durch Kleben bei der Fahrzeug-Instandsetzung.

b) Auf welchen zwei Kraftwirkungen beruht eine Klebeverbindung? Ordnen Sie die Fachbegriffe *Adhäsionskräfte (= Anhangskräfte)* und *Kohäsionskräfte (= Zusammenhangskräfte)* zu.

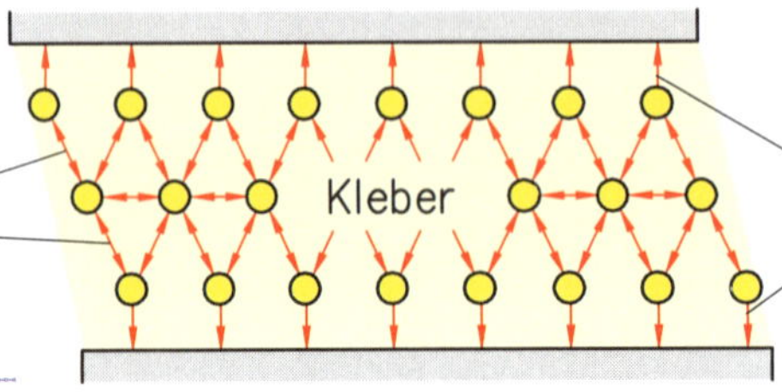

4. Klebstoffe

a) Unterscheiden Sie in der Tabelle zwei Klebstoffgruppen nach der Art der Aushärtung.

b) Ordnen Sie die folgenden Kleberarten zu: *Zweikomponentenkleber, Warmkleber, Alleskleber, Kaltkleber, Kontaktkleber, Klebefolie.*

c) Nennen Sie Vor- und Nachteile der Klebstoffgruppen.

Gruppe		
Vorgänge beim Aushärten	Lösungsmittel verflüchtigt	Chemische Reaktion, ausgelöst durch: Licht, Härterbeimischung, Erwärmung, Luftsauerstoff oder Sauerstoffentzug, Luftfeuchtigkeit
Kleberarten		
Vorteile		
Nachteile		

d) Worauf ist zu achten, damit Zweikomponentenkleber ihre volle Festigkeit erreichen?

5. Eigenschaften der Klebeverbindung

- Nennen Sie stichpunktartig Vor- und Nachteile der Fahrzeug-Instandsetzung durch Kleben im Vergleich mit anderen stoffschlüssigen Verbindungen.

Vorteile	**Nachteile**

An den blanken Metallflächen gebrauchter Fahrzeuge werden Sie vor allem im Unterbodenbereich deutlich sichtbare Veränderungen der Oberflächen durch Korrosion feststellen.

a) Welchen Vorgang bezeichnet man als Korrosion?

durch elektrochemische und chemische Reaktionen mit korrosiv wirkenden Mitteln der Umgebung.

b) Nennen Sie Stoffe, die Korrosion am Fahrzeug verursachen.

c) Welche wirtschaftliche Bedeutung hat die Korrosion?

1. Elektrochemische Korrosion

Die größten Korrosionsschäden verursacht die elektrochemische Korrosion. Grundvoraussetzung ist Feuchtigkeit, denn diese Korrosion läuft auf der Metalloberfläche in einer leitenden Wasserschicht, dem Elektrolyten ab. Als Elektrolyt genügt bereits Luftfeuchtigkeit, Handschweiß, Wasser in Lackrissen usw. Weitere Voraussetzung sind unterschiedliche Metalle oder Sauerstoffkonzentrationen.

a) Beschreiben Sie die beiden elektrochemischen Korrosionsabläufe in Kurzform und mit Fachbegriffen.

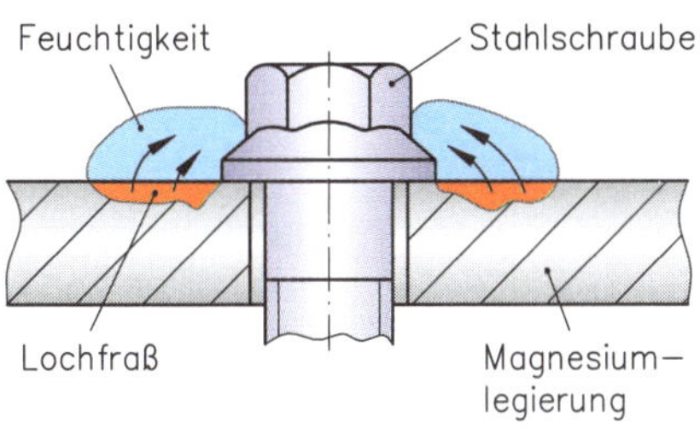

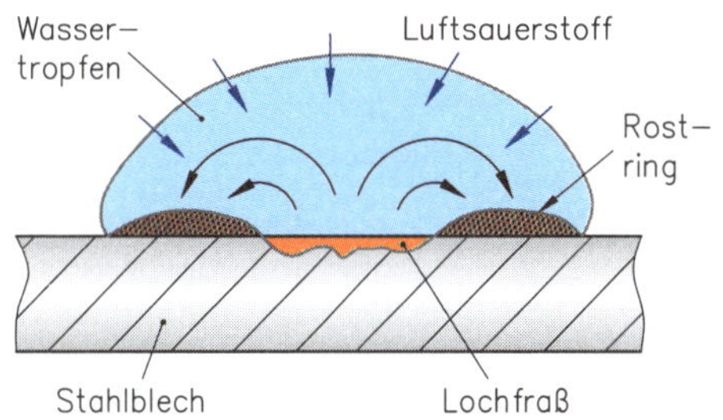

b) Wo erfolgt die Zerstörung? Beschreiben Sie genau.

c) Kennzeichnen Sie die Richtungspfeile zur **elektrochemischen Spannungsreihe** mit: Die Metalle *sind zunehmend edler/zunehmend unedler* und *werden zerstört/bleiben erhalten*.

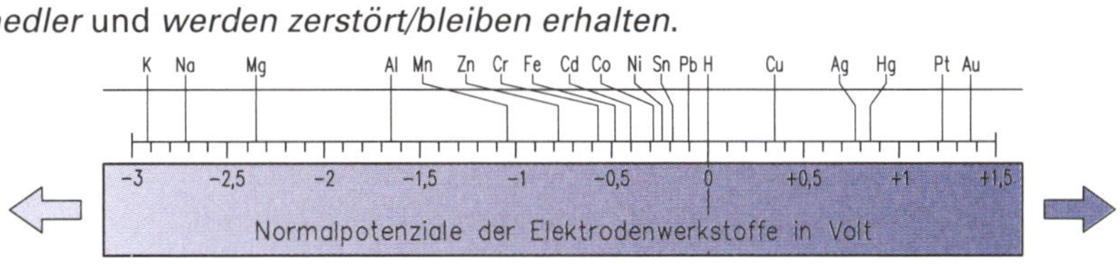

Die Metalle sind ______________ und ______________ .

Die Metalle sind ______________ und ______________ .

d) Weshalb verhält sich Stahl mit verzinkter Oberfläche bei verletzter Oberflächenschicht anders als verchromter Stahl? Suchen Sie Informationen in Fachbüchern, im Internet. Beschreiben und begründen Sie anhand der Spannungsreihe.

Montagetechnik

2. Chemische Korrosion

Chemische Korrosion basiert auf der direkten Reaktion der Metalle mit einem Wirkstoff. Säuren (Batteriesäure) und Laugen (Streusalzlaugen) zersetzen chemisch unedle Metalle. Sauerstoffreaktionen können andererseits auch feste, dichte und schützende Metalloberflächen ausbilden. Die chemische Korrosion wird nahezu immer von elektrochemischen Korrosionsvorgängen überlagert.

a) Nennen Sie Beispiele für chemisch unedle Metalle, deren Oberfläche mit Luftsauerstoff schützende Oxidschichten bildet.

3. Erscheinungsformen der Korrosion

a) Benennen Sie die dargestellten Erscheinungsformen der Korrosion.

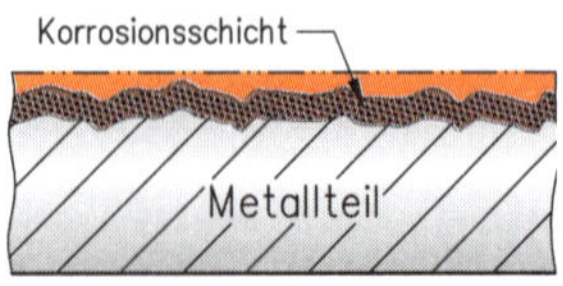

durch Umwelteinwirkungen wie z. B. Streusalzlauge.

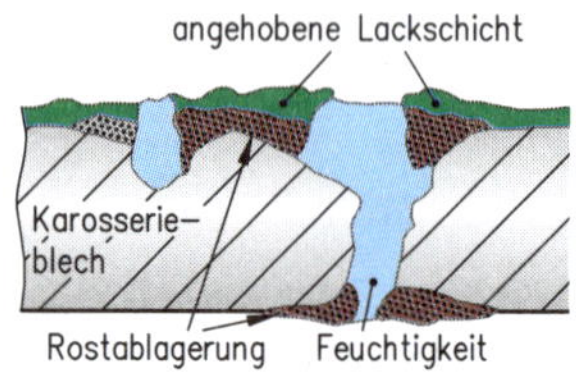

durch lokale Korrosion, z. B. bei Steinschlagschäden.

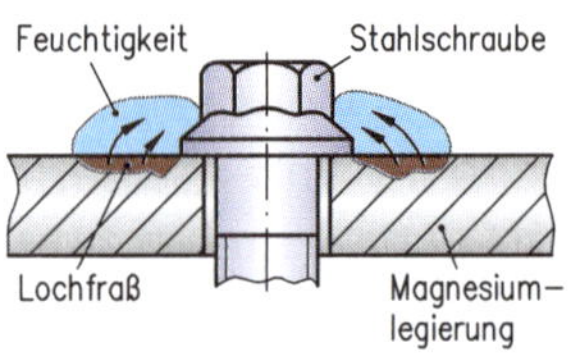

beim Fügen unterschiedlicher Metalle.

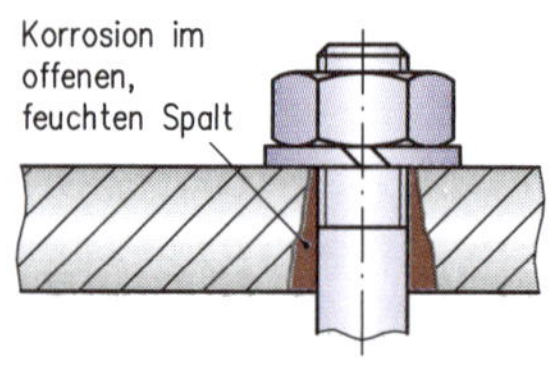

durch behinderten Luftzutritt.

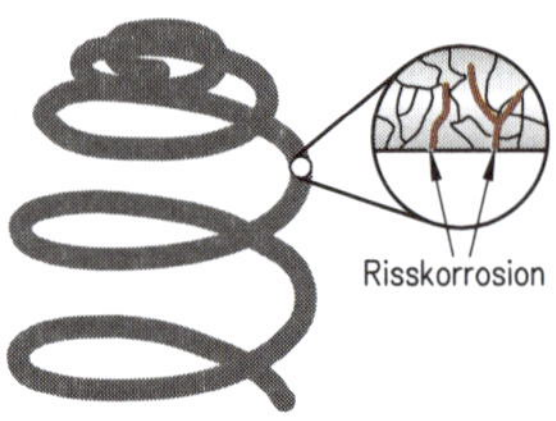

bei hoch belasteten Bauteilen von Oberflächenanrissen ausgehend.

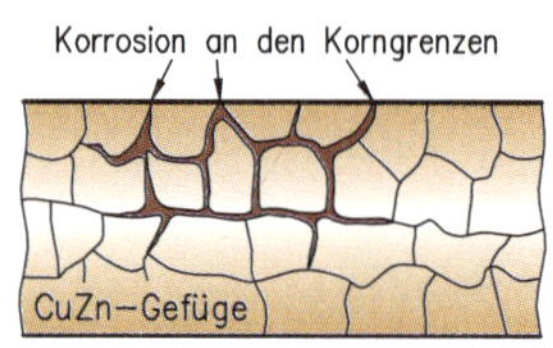

durch bevorzugte Korrosion im Gefüge von Legierungen.

4. Korrosionsschutz

- **Aktiver Korrosionsschutz** mittels bedachter Werkstoffwahl und Konstruktion ist am effektivsten.

a) Der Fahrzeughersteller hat vorgearbeitet. Worauf müssen Sie achten? Formulieren Sie Aussagen mit Kurzbeispielen.

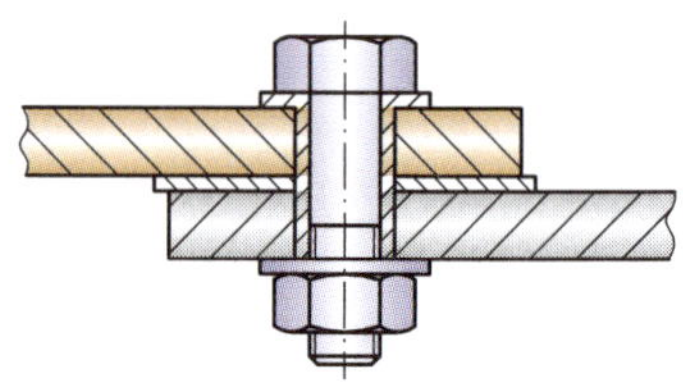

Korrosionsschutz durch Trennung

b) Verdeutlichen Sie die Werkstofftrennung in der Abbildung mit einem Farbstift.

- **Passiver Korrosionsschutz** erfolgt durch Überzüge.

a) Informieren Sie sich zu den Korrosionsschutz-Methoden im Fachbuch und nennen Sie jeweils Beispiele.

Schutzstoffe für blanke Metallteile:

Nichtmetallische Schichten:

Chemische Oberflächenbehandlung:

Metallische Schichten:

- Verstärkung der **Oxid-Schutzschicht** bei Aluminium durch

Hinweis: *Bevor Sie mit der Prüfung der demontierten und gereinigten Bauteile beginnen, bearbeiten Sie die Blätter: Prüfmittel, Messschieber, Messschraube, Messuhr und Messfehler sowie Maßtoleranz.*

1. Ermitteln der Verschraubungsmaße

Bei dem vorliegenden Gewindeschaden ist die Verschlussschraube zu erneuern und das Gewinde in der Ölwanne zu reparieren.

a) Welche Maßgrößen sind für diese Reparatur zu ermitteln? Tragen Sie die genau bezeichneten Maßgrößen in die Tabelle ein und geben Sie jeweils geeignete Messmittel (evtl. mehrere) und das Istmaß an.

Maßgröße	Messmittel	Istmaß
Gewindelänge in der Ölwanne		

b) Wie kann man die Gewindesteigung mit dem Messschieber ermitteln? Begründen Sie, weshalb auch diese Methode hinreichend genaue Messergebnisse liefert.

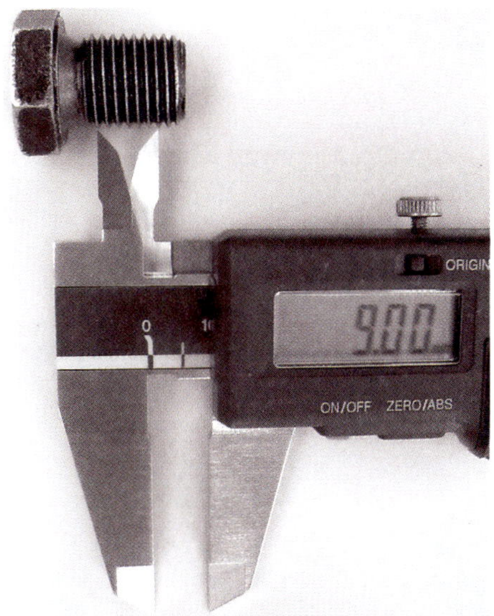

c) Verschlussschrauben gibt es in Normgrößen sowie als Sonderausführungen für die Fahrzeughersteller. Welche Normbezeichnung hat das Gewinde, welche Bezeichnung hat die Schraube? Für diese Angaben müssen Sie Ihre gemessenen Größen mit Normgrößen abgleichen (siehe Tabellenbuch, Herstellerunterlagen oder Schraubenkataloge, z. B. Online-Shop: www.wuerth.de).

Gewinde: ______________ Schraube: ______________

2. Prüfen der Ölwanne

a) Beschreiben Sie mit Fachbegriffen, wie die Ebenheit der Flanschflächen des Ölwannenunterteils geprüft werden kann.

b) Führen Sie die Prüfung an der Ölwanne aus.

c) Da bei der Verschlussschraube mit Gewalt montiert wurde, ist nicht auszuschließen, dass Haarrisse entstanden sind. Welche einfache Möglichkeit gibt es, Haarrisse an Kfz-Bauteilen aufzuspüren?

Hinweis: *Informationen finden Sie mit Internetsuchmaschinen und verknüpften Stichworten wie z. B. + Haarrisse + Kraftfahrzeug oder* http://www.mr-chemie.de *oder* http://www.uka-knoch.de/aerosole-sprays/aerosole-sprays.html

Name: Klasse: Datum: Blatt:

a) Setzen Sie die vier Fachbegriffe als Hauptüberschriften:
Anzeigende Messgeräte, Maßverkörperungen, Hilfsmittel, Lehren.

Messgeräte

1. Maßverkörperungen

Maßverkörperungen haben keine beweglichen Teile.

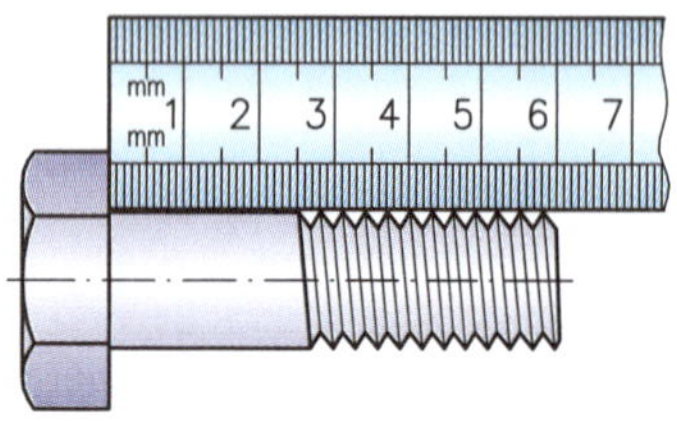

2.

Der Messwert wird angezeigt.

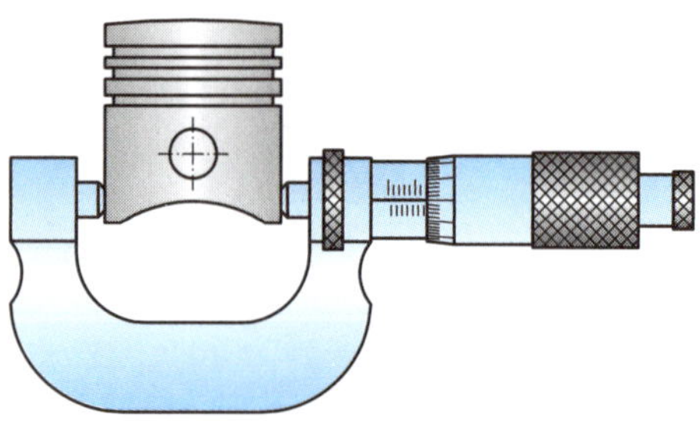

3. Lehren

Maß- und Formabweichungen werden nicht zahlenmäßig erfasst.

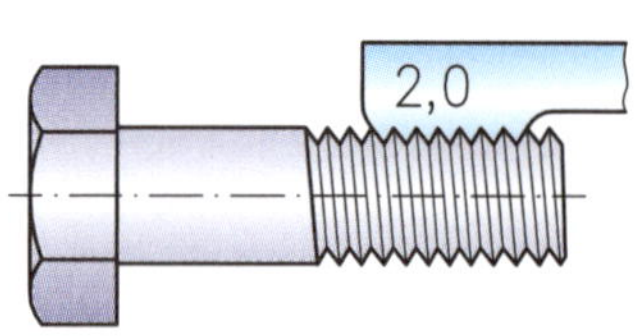

4. Hilfsmittel

Sie dienen zur Unterstützung.

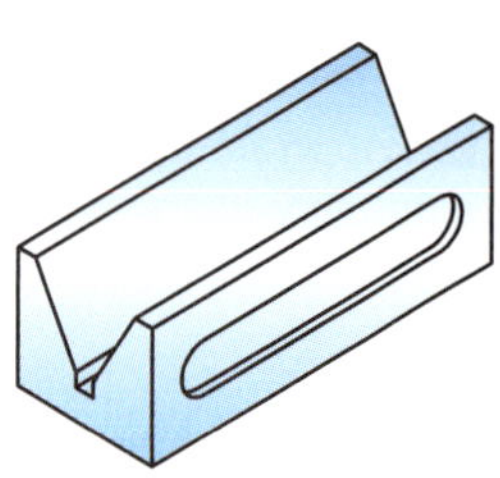

b) Nennen Sie Beispiele für Prüfmittel.

Name: Klasse: Datum: Blatt:

1. Universalmessschieber

a) Wofür wird der Universal-Messschieber verwendet und wie genau misst er?

b) Welchen Vorteil bietet der Universalmessschieber (Taschenmessschieber)?

c) Bennen Sie die Teile und die Skalen.

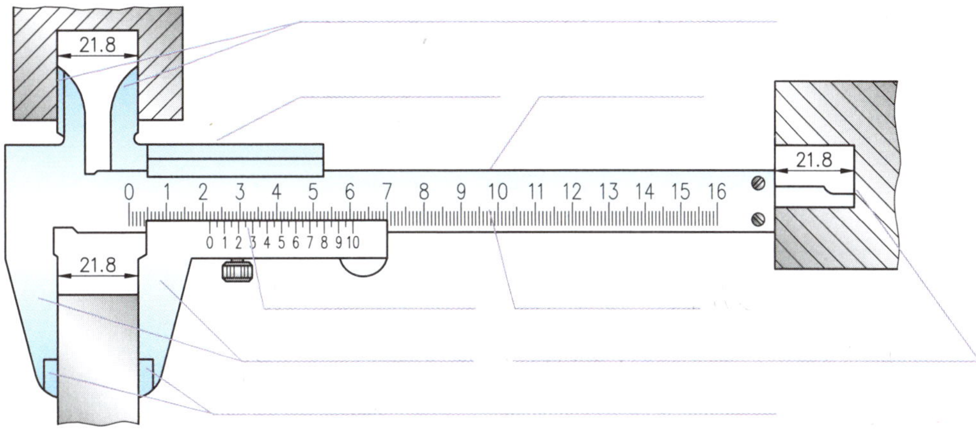

2. Nonius

a) Welche Aufgabe hat der Nonius?

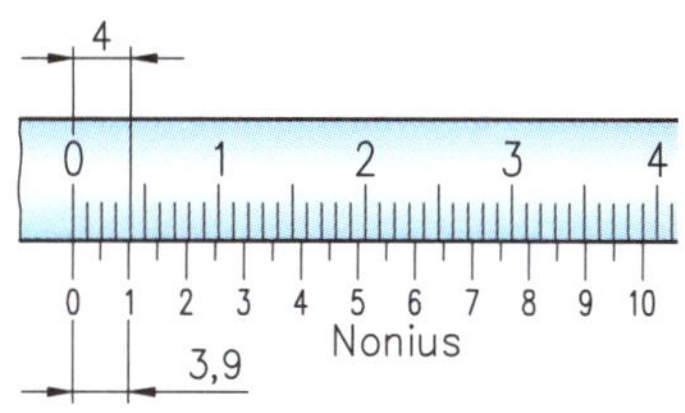

b) Es gibt drei Nonienarten. Ergänzen Sie die Tabelle.

Anzahl der Noniusteilstriche	**10**	**20**	**50**
genaue Bezeichnung	Zehner-Nonius		
Noniuslänge	39 mm	39 mm	49 mm
Teilstrichabstand auf dem Nonius	39 mm : 10 = 3,9 mm		
Maßunterschied zur Hauptteilung	4 mm – 3,9 mm = 0,1 mm		
Ablesewert pro Noniusteilstrich = Ablesegenauigkeit	0,1 mm		

3. Ablesen des Messschiebers

a) Wo werden die ganzen Millimeter abgelesen?

b) Wo werden die 1/10 mm bzw. 5/100 mm abgelesen?

c) Ableseübung:

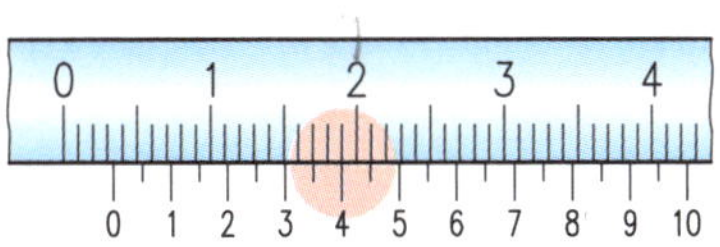

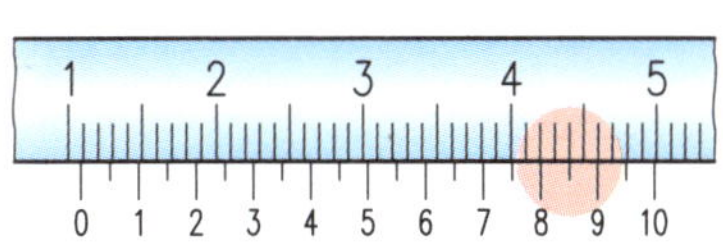

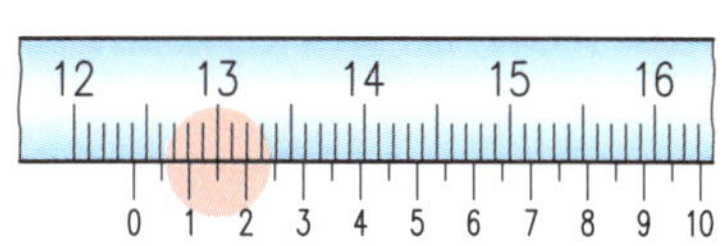

Ergebnis: Ergebnis: Ergebnis:

Name: Klasse: Datum: Blatt:

1. Bügelmessschraube

a) Wofür wird die Bügelmessschraube verwendet und wie genau misst sie?

b) Benennen Sie die Bauteile und erklären Sie die Zahlenangaben.

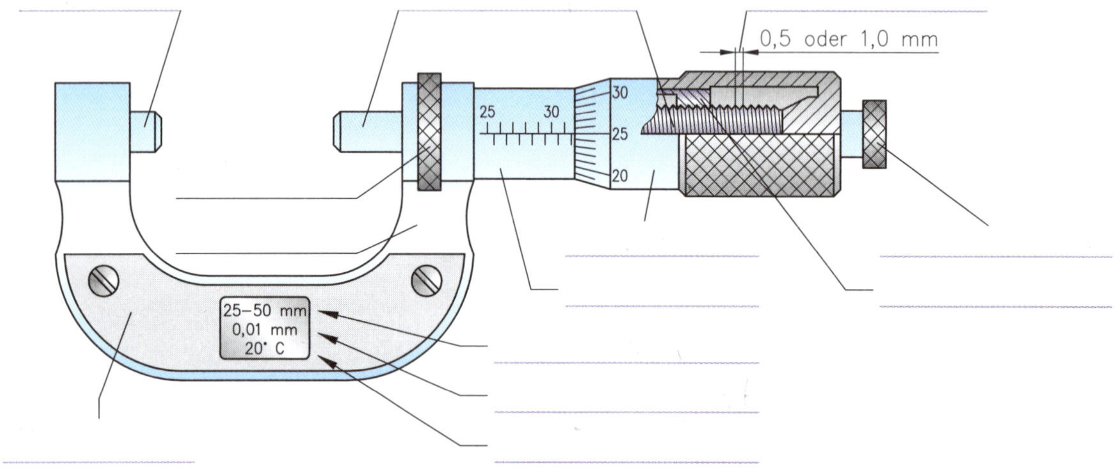

2. Funktion der Messschraube

a) Welches Bauteil der Messschraube verkörpert die hohe Messgenauigkeit?

b) Bei der Messspindel sind zwei Gewindesteigungen gebräuchlich. Ergänzen Sie die Tabelle.

Gewindesteigung	**0,5 mm**	**1 mm**
Maßänderung pro Spindelumdrehung		
Anzahl der Messtrommelteilstriche		
Maßänderung pro Teilstrich		

3. Ablesen der Messschraube

a) Was wird auf der Messhülse vor der Messtrommelkante abgelesen?

b) Auf welchem Bauteil werden die hundertstel Millimeter abgelesen?

c) Ableseübung:

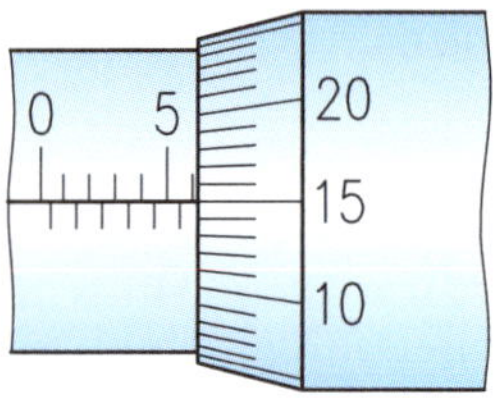

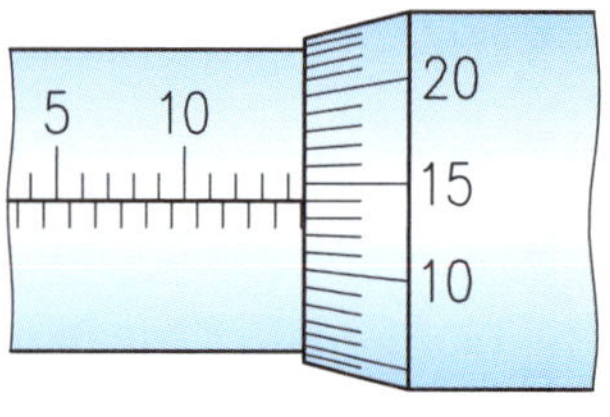

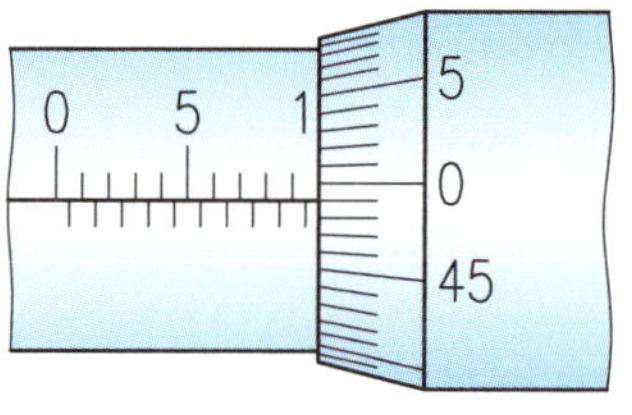

Ergebnis: Ergebnis: Ergebnis:

Name: | Klasse: | Datum: | Blatt:

1. Messuhr

a) Was wird mit einer Messuhr gemessen?

b) Wie genau misst eine Messuhr?

c) Bennen Sie die Teile der Messuhr und die Skalenteilungswerte.

d) Wie wird die Bewegung des Messbolzens übertragen und angezeigt?

2. Messfehler

Bei allen bisher genannten Messgeräten und Lehren sind Messfehler möglich.

a) Nennen Sie weitere Beispiele für die folgenden vermeidbaren Fehlerarten.

Temperaturfehler	Bedienungsfehler	Gerätefehler
Handwärme	Ablesefehler	Abnutzung

Montagetechnik

Name: Klasse: Datum: Blatt:

Bauteile können nie auf das genaue Sollmaß für die Länge, den Winkel, die elektrische Leistung, den Schaltpunkt usw. gefertigt werden. Außerdem kann der Fahrzeugbetrieb Verschleiß (= Abnutzung) verursachen. Maßabweichungen müssen deshalb bei Neu- und Gebrauchtteilen zugelassen werden.

Beispiel: Als Längenmaß für ein Abgasrohr ist das **tolerierte Maß** 250 +5/–2 angegeben.

a) Tragen Sie in die Zeichnung folgende Fachbegriffe mit den dazugehörigen Maßgrößen ein:
Nennmaß, unteres Abmaß, oberes Abmaß, Höchstmaß, Mindestmaß, Maßtoleranz.
Hinweis: *In technischen Zeichnungen wird die Längenmaßeinheit mm (Millimeter) weggelassen.*

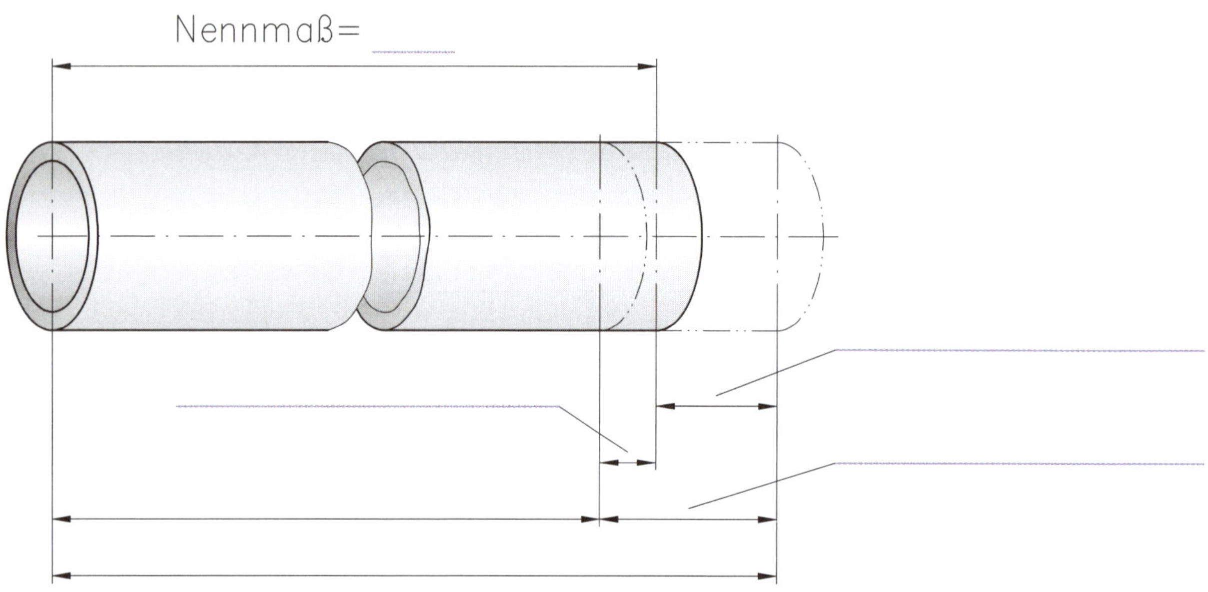

b) Wie wird die Maßtoleranz aus den Abmaßen bzw. aus den Grenzmaßen berechnet? Nennen Sie die beiden Formeln.

c) Ergänzen Sie die Tabelle. Die letzte Zeile ist für Ihr eigenes Beispiel.

Toleriertes Maß in mm	Nennmaß in mm	oberes Abmaß in mm	unteres Abmaß in mm	Höchstmaß in mm	Mindestmaß in mm	Maßtoleranz in mm
250^{+5}_{-2}	250	+5	–2			
370^{+1}						
$1\,000^{-2}_{-10}$						
$176^{+0,2}_{+0,02}$						

Sollmaße für Längen müssen hinter dem Nennmaß die zulässigen Maßabweichungen als Abmaße oder Toleranzklasse vorgeben. Andernfalls gelten genormte Maßabweichungen.

d) Welcher Fachbegriff wird für die nach Norm zulässigen Maßabweichungen verwendet? Geben Sie auch die Norm an.
Hinweis: *Informieren Sie sich im Tabellenbuch.*

Name: Klasse: Datum: Blatt:

Instandsetzung und Festigkeitsprüfung einer Gewindeverbindung

a) Unterbreiten Sie Vorschläge zur Instandsetzung des Gewindes für die Verschlussschraube.

☐ ____________________

☐ ____________________

☐ ____________________

b) Tauschen Sie Ihre Lösungen in Arbeitsgruppen aus. Besprechen Sie alle Vorschläge hinsichtlich der anfallenden Kosten für Arbeit sowie Ersatzteile. Welche Reparaturvariante hält die Gruppe für die Wirtschaftlichste? Kreuzen Sie an.

c) Fertigen Sie zur Gewindeprüfung und Reparaturübung eine Gewindeplatte an. Siehe: Fertigungsaufgabe Gewindeplatte (S. 79).

1. Schrauben-Anzugsmoment und Drehwinkel

An Ihren Gewindeplatten werden Sie nun eine zerstörende Prüfung (Gewinde ausreißen bzw. Schraube abreißen) zum Schraubenanzugsmoment durchführen. Anschließend wird das Gewinde repariert und zum Vergleich erneut die Festigkeit gemessen.

Zusätzlich sind auch Messungen ohne Dichtring und mit ölfreiem Gewinde vorgesehen. Hierbei lassen sich allgemeine Erkenntnisse zu den Vorgängen beim Anziehen von Schrauben gewinnen. Da die Ablassschraube systembedingt immer abgedichtet und ölig wird, sind diese Versuche eine von der Problemstellung unabhängige Zusatzaufgabe.

a) Messen Sie den Zusammenhang zwischen Schrauben-Anzugmoment und Drehwinkel.

Hinweis: *Bilden Sie für die Versuche 3er (4er) Gruppen. Bei jedem Versuch brauchen Sie eine Person am Drehmomentschlüssel, eine Person für die Drehwinkelerfassung und einen Protokollführer. Ein 4. Gruppenmitglied wird Versuchsleiter. Mit seinem Werkstück kann eine unsichere/misslungene Messreihe wiederholt werden. Nach jeder Messreihe werden die Aufgaben neu verteilt.*

Die Versuchsbedingungen werden für jede Messreihe verändert (siehe 3. Versuchsprotokoll). Sie brauchen jeweils eine neue Gewindeplatte und Schraube im vorgegeben Zustand (geschmiert, trocken, mit/ohne Dichtung). Spannen Sie die Gewindeplatte in den Schraubstock und drehen Sie die Schraube mit dem Voranzugsmoment 10 Nm fest. Ab sofort messen Sie mit einer Winkelmessscheibe oder mit einem Werkstatt-Winkelmesser den Drehwinkel. Steigern Sie das Anzugsmoment M in Schritten von 10 Nm bis zum Ausreißen des Gewindes und lesen Sie jeweils den absoluten Drehwinkel φ ab.

HeliCoil-Reparaturset

2. Gewindereparatur

Zur Instandsetzung von Gewinden gibt es Einsätze, z. B. *HeliCoil.*

a) Erstellen Sie anhand der Vorgaben des Reparaturset-Herstellers einen Arbeitsplan zur Instandsetzung des Gewindes.

Nr.	Arbeitsschritt	Werkzeug, Hilfsmittel
1		
2		
3		
4		
5		
6		

b) Reparieren Sie Ihre Gewindeplatte mit einem Gewindeeinsatz.

c) Wiederholen Sie die drei Messreihen, protokollieren Sie jeweils nur die Werte Ihres reparierten Werkstückes (Messung 4).

3. Versuchsprotokoll

Ölablassschraube in Gewindebohrung M14 x 1,5										
Mess-reihe	M in Nm	10	20	30	40	50	60	70	80	90	100 … Ereignis
1	Versuchsbedingungen: mit Dichtring, Gewinde und Kopfauflage geschmiert										
	φ in °	0									
2	Versuchsbedingungen: ohne Dichtring, Gewinde und Kopfauflage geschmiert										
	φ in °	0									
3	Versuchsbedingungen: ohne Dichtring, Gewinde und Kopfauflage trocken (Teile entfetten !!!)										
	φ in °	0									
Ölablassschraube in Gewindebohrung M14 x 1,5 mit Gewindeeinsatz											
4	Versuchsbedingungen:										
	φ in °	0									

4. Anzugsmoment-Drehwinkel-Diagramm

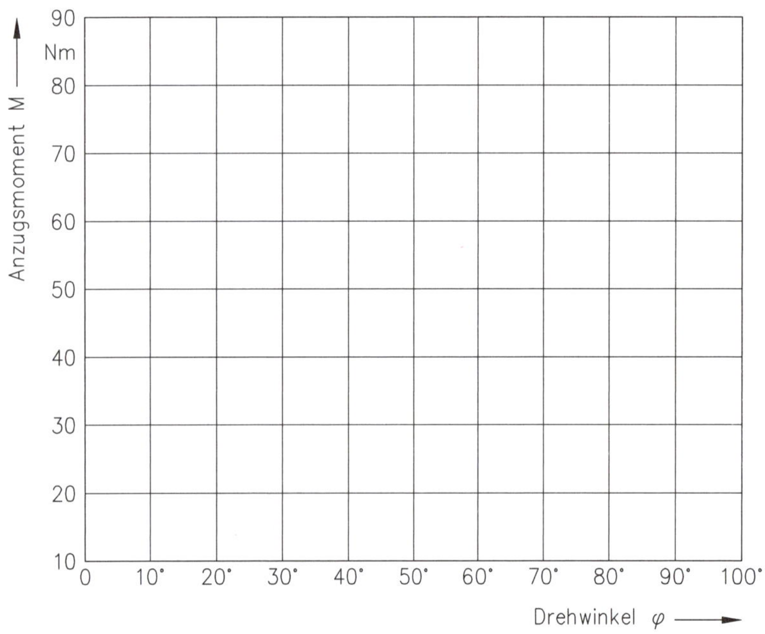

a) Übertragen Sie Ihre Messwerte in das Diagramm. Stellen Sie die Messreihen als Linien-Diagramme dar. Beschriften Sie.

b) Kennzeichnen Sie bei den Messreihen ohne Dichtring die Streckgrenzen.

c) Informieren Sie sich zum Schraubenanzugsmoment und Drehwinkelverlauf beim Anziehen von Schraubverbindungen.

d) Weshalb ist bei der Messung mit dem Dichtring der Kurvenverlauf flacher? Bei gleichem Anzugsmoment sind hier die Drehwinkel wesentlich größer.

e) Welches Festigkeitsverhalten zeigt die mit einem Gewindeeinsatz reparierte Verschraubung?

Hinweis: *Werten Sie für die folgenden Erkenntnisse nur die Diagrammlinien für die Messreihen ohne Dichtring aus.*

f) Bei welchem Anzugsmoment wird die Gewindeverbindung der Ablassschraube bleibend verformt und unbrauchbar?

g) Für jede Ölablassschraube ist ein Anzugsmoment vorgeschrieben (z. B. 30 Nm). Mit welchem Drehmoment müsste die gleiche Schraube im trockenen Zustand angezogen werden, um die gleiche Vorspannung (Anzugswinkel) aufzubauen?

h) Welche Erkenntnisse gewinnen Sie aus dem Vergleich geschmierte/trockene Verschraubung. Begründen Sie auch.

i) Berichten Sie den anderen Arbeitsgruppen anhand einer vorbereiteten Folie über Ihre Ergebnisse und Erkenntnisse.

Für das Erlernen der Fertigkeiten zur Reparatur eines Gewindes ist die Ölwanne zu wertvoll. Deshalb werden Sie die Fertigung und Instandsetzung eines Gewindes in einem Modellversuch ausführen.
Sie benötigen ein Halbzeug (Flachmaterial), das mit den Werkstoffeigenschaften einer Ölwanne vergleichbar ist.

1. Werkstoff

Woraus besteht die Ölwanne, welche Werkstoffeigenschaften liegen vor, wie wurde sie gefertigt? Fachkenntnisse werden benötigt:

a) Bearbeiten Sie: Werk- und Hilfsstoffe, Werkstofffestigkeit und Härte, Umgeformte und gegossene Fahrzeugteile. Informieren Sie sich im Fachbuch weiterhin zu den Gießverfahren.

b) Werkstoff und Herstellverfahren der demontierten Ölwanne:
- → *Aus welchem Werkstoff besteht die demontierte Ölwanne? Für genauere Informationen suchen Sie im Tabellenbuch einen vergleichbaren, geeigneten Werkstoff. Im Metalltabellenbuch finden Sie ausführlichere Hinweise zur Verwendung der Werkstoffe. Benennen Sie diesen Werkstoff mit Normangabe.*
- → *Welche besonderen Werkstoffeigenschaften nennt das Tabellenbuch für diesen Werkstoff?*
- → *Welches Fertigungsverfahren nennt das Tabellenbuch für den Werkstoff der Ölwanne?*

c) Halbzeug zur Nachbildung des Ablassschrauben-Gewindes der Ölwanne:
- → *Suchen Sie aus dem Tabellenbuch eine in den Festigkeitseigenschaften mit dem Ölwannenwerkstoff vergleichbare Knetlegierung. Benennen Sie diese mit der Werkstoffnorm laut Tabellenbuch.*
- → *Ergänzen Sie in der Tabelle die Festigkeitswerte (mit Maßeinheit) des Ölwannenwerkstoffes und der Knetlegierung.*
- → *Welcher Flachmaterialquerschnitt eignet sich zur Nachbildung der Gewindebohrung? Tragen Sie in der Tabelle die Normbezeichnung für das Halbzeug nach Tabellenbuch ein.*

Hinweis: *Achten Sie darauf, dass Sie die gleiche Gewindelänge wie in der Ölwanne erhalten und nach dem Gewindebohren noch ausreichende Wandstärken um die Bohrung verbleiben. Beim Spannen im Schraubstock für die Festigkeitsversuche darf keine Verformung der Gewindebohrung auftreten.*

	Ölwanne (Gusslegierung)	**Halbzeug** (Knetlegierung)
Werkstoff		
Werkstoffnorm		
Eigenschaften		
Fertigungsverfahren		Stranggepresst
Zugfestigkeit R_m		
Dehngrenze $R_{p0,2}$		
Dehnung A		
Halbzeug-Querschnitt		

2. Fertigung der Gewindeplatte

Aus dem gewählten Halbzeug fertigen Sie nun eine Gewindeplatte mit dem Gewinde der Ölablassschraube. Hierzu müssen Sie mit Zerspanungswerkzeugen fachgerecht umgehen können.

a) Bearbeiten Sie: Trennen von Werkstoffen, Sägen und Feilen, Bohren und Gewindeschneiden.

Montagetechnik

b) Erstellen Sie eine Freihandskizze (Notizblatt) und danach eine technische Zeichnung mit Bemaßung zur Gewindeplatte. Beschriften Sie Ihre Zeichnung mit der Werkstückbenennung, dem Maßstab und der Werkstoffnormangabe.

c) Bestimmen Sie für die Gewindebohrung den Kern- und Bohrerdurchmesser nach Tabellenbuch.

Ges.:

Geg.:

Lös.:

d) Jede Fertigung erfolgt nach einem Arbeitsplan, auch wenn dieser nur in Gedanken entworfen wird. Vervollständigen Sie den Fertigungsplan für die Gewindeplatte.

Nr.	Arbeitsschritt	Werkzeug, Hilfsmittel
1	Halbzeugmaße und Winkeligkeit der vorhandenen Schnittfläche prüfen	Messschieber, Winkel
2	Länge anreißen	
3		
4		
5		
6		
7		
8		

e) Fertigen Sie die Gewindeplatte und üben Sie hierbei als Mechaniker immer genau zu arbeiten, z. B. Werkstück quadratisch und rechtwinkelig absägen, in der Werkstückmitte bohren, Gewindebohrung fachgerecht anfertigen.

Werk- und Hilfsstoffe

Name: Klasse: Datum: Blatt:

a) Zur Herstellung der Fahrzeugteile benötigt man die unterschiedlichsten Werkstoffe, die nach Werkstoffgruppen geordnet werden. Ordnen Sie den Werkstoffbeispielen folgende Werkstoffgruppen zu:

- *Nichtmetalle*
- *Verbundstoffe*
- *Metalle*
- *Nichteisenmetalle*
- *Eisenmetalle*
- *Leichtmetalle*
- *künstliche Werkstoffe*
- *Schwermetalle*
- *natürliche Werkstoffe*
- *Stahl*
- *Eisengießwerkstoffe.*

b) Nennen Sie Kraftfahrzeugteile, die im Wesentlichen aus den genannten Werkstoffen gefertigt werden.

Werkstoffgruppen: Werkstoffbeispiele: Beispiele für Kfz-Teile:

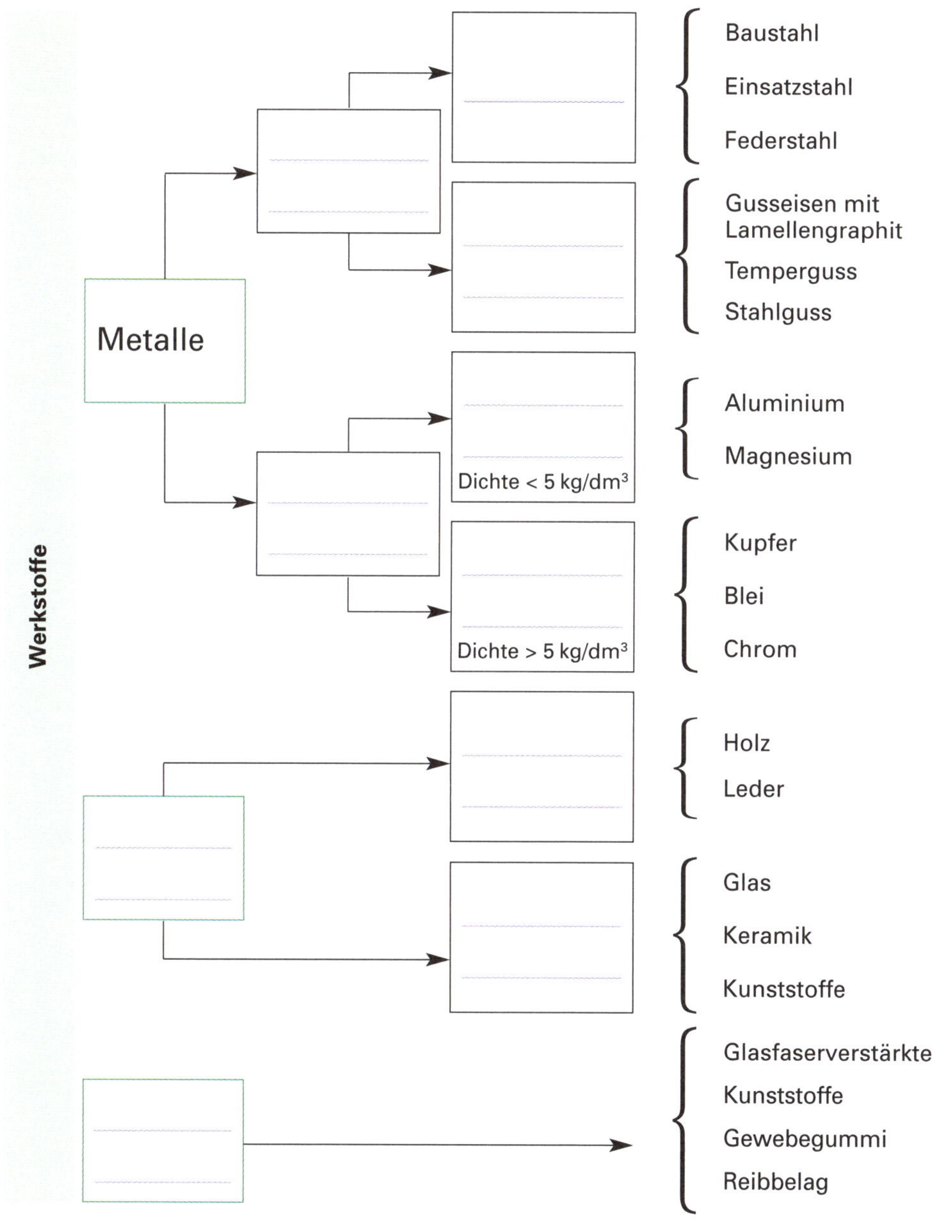

c) Weshalb werden im Fahrzeugbau zunehmend Kunststoffe verarbeitet?

d) Fahrzeugbetrieb und Reparatur erfordern Hilfsstoffe (= Verbrauchsstoffe) und Energieträger. Nennen Sie Beispiele.

Hilfsstoffe

Energieträger

Montagetechnik

Werkstofffestigkeit und Härte

LERN FELD 1 3 4

Name: | Klasse: | Datum: | Blatt:

1. Festigkeit

a) Welche Werkstoffeigenschaft ist notwendig, damit z. B. das Gewinde in der Ölwanne nicht sofort ausreißt und die Schraube nicht abreißt?

b) Informieren Sie sich in Büchern zu den Begriffen **Spannung** und **Festigkeit**. Notieren Sie hier die wichtigsten Aussagen.

c) Welche Arten der Spannung und Beanspruchung werden bei belasteten Bauteilen unterschieden?

Werkstückbeanspruchung	Art der Spannung und notwendige Festigkeit	Praxisbeispiel
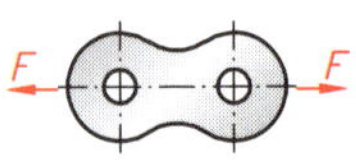 im Kettenglied:		
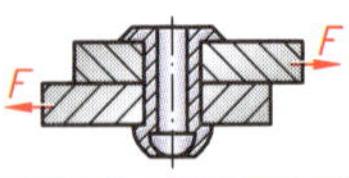 im Dornniet:		

Weitere Beanspruchungsarten:

Fahrzeugbauteile müssen bei jeder Beanspruchung eine ausreichende Festigkeit aufweisen. Die wichtigsten Festigkeitseigenschaften der Werkstoffe werden im Zugversuch ermittelt.

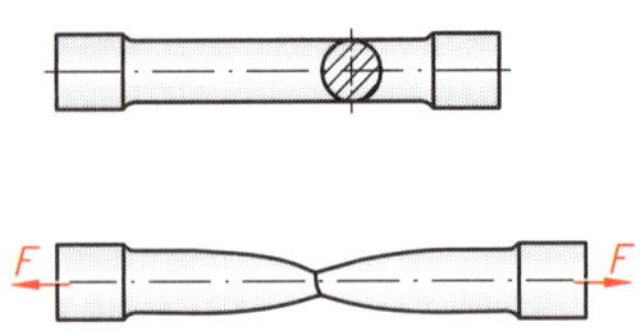

Probestab

d) Beschreiben Sie die wesentlichen Vorgänge beim Zugversuch.

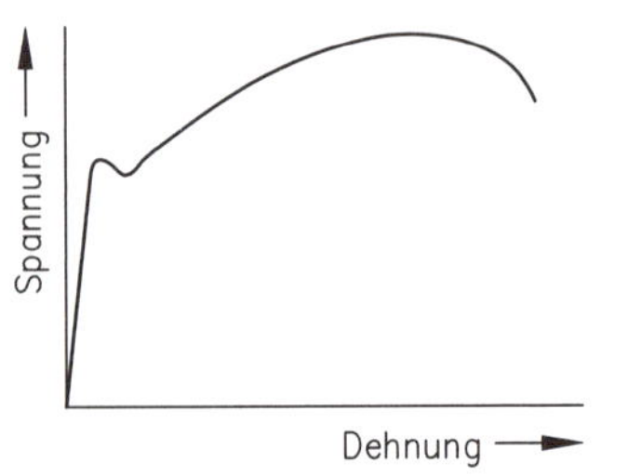

Spannungs–Dehnungs–Diagramm

e) Kennzeichnen Sie im Diagramm die Zugspannung R_m und die Streckgrenze R_e.

f) Erklären Sie die Bedeutung dieser Kenngrößen.

2. Härte

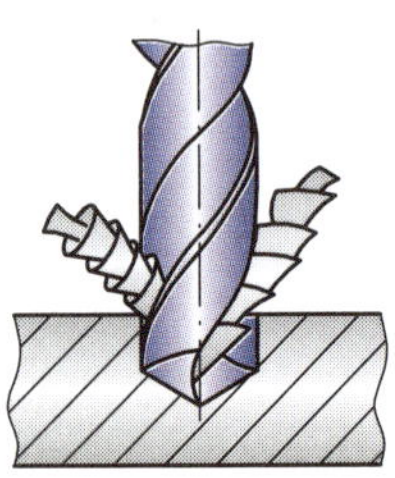

a) Welche Werkstoffeigenschaften muss ein Werkzeug (z. B. Bohrer) haben, damit es in den Stahlwerkstoff eindringt und nicht umgekehrt?

b) Wie vergleicht man die Härte von Metallen?

c) Ordnen Sie Werkstoffproben mithilfe von Körner, Hammer und Messlupe nach ihrer Härte.

d) Was versteht man unter Härte?

e) Auch Fahrzeugteile, die verschleißgefährdet sind, müssen hart sei. Nennen Sie solche Fahrzeugteile.

Ölwannen können zum Beispiel durch Umformen aus Stahlblech oder durch Gießen aus Leichtmetall-Gusslegierungen gefertigt werden. Das Fertigungsverfahren ist von der notwendigen Formgebung und den Werkstoffeigenschaften abhängig.

1. Umformen

Werkstoffeigenschaften beim Umformen

Bei einer Überbeanspruchung, wie sie bei einem Unfall auftreten kann, zeigen sich die zum Umformen wichtigen Werkstoffeigenschaften.

a) Ergänzen Sie die Tabelle.

b) Ordnen Sie die folgenden Werkstoffbeispiele zu:
Aluminium, Federstahl, Glas, Gummi, Keramik, Stahl.

c) Umrahmen Sie in Spalte 3 die gegensätzlichen Eigenschaftsmerkmale.

Fahrzeugteile (Beispiele)	Unfallfolgen am Bauteil	Werkstoffeigenschaft Eigenschaftswort/Hauptwort	Typische Werkstoffe mit dieser Eigenschaft (Beispiele)
Türschweller	blieb unverformt	fest/Festigkeit	Stahl/Gusseisen
Windschutzscheibe			
Motorhaube	ist verformbar		
Motorhaube	blieb		
Vorderreifen (beim Aufprall verformt)			

d) Welche zwei Werkstoffeigenschaften sind Voraussetzungen zum Umformen?

e) Was geschieht, wenn die Belastung bzw. die Verformung zu groß wird?

Schmieden

Fahrzeugteile mit sehr hohen Festigkeitsanforderungen werden durch Schmieden gefertigt.

a) In welchem Temperaturzustand werden Metalle geschmiedet? Begründen Sie.

b) Weshalb erreicht man durch Schmieden eine Festigkeitssteigerung?

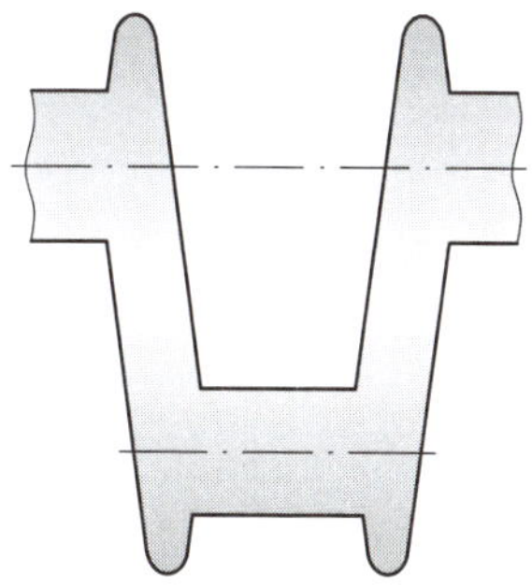

c) Skizzieren Sie in dem geschmiedeten Kurbelwellenquerschnitt den Faserverlauf.

d) Welche Metalle im Fahrzeugbau sind schmiedbar?

schmiedbar:

e) Nennen Sie Fahrzeugteile, die durch Schmieden hergestellt werden.

Biegen

Durch Biegen lassen sich vorgefertigte Profile umformen. Auch bei Instandsetzungsarbeiten müssen z. B. Bleche gebogen werden.

a) Welche Auswirkungen hat das Biegen auf den Querschnitt des Werkstückes?

b) Welcher Beanspruchung sind die Werkstofffasern beim Biegen ausgesetzt?

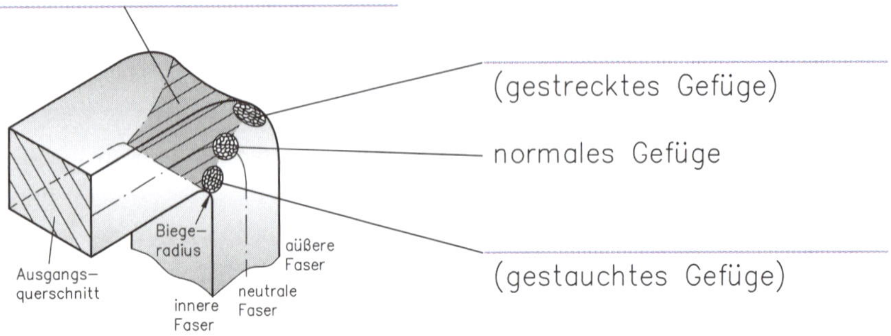

c) Wie gleicht man das elastische Rückfedern beim Biegen aus, um maßgenaue Biegewinkel zu erreichen?

Tiefziehen

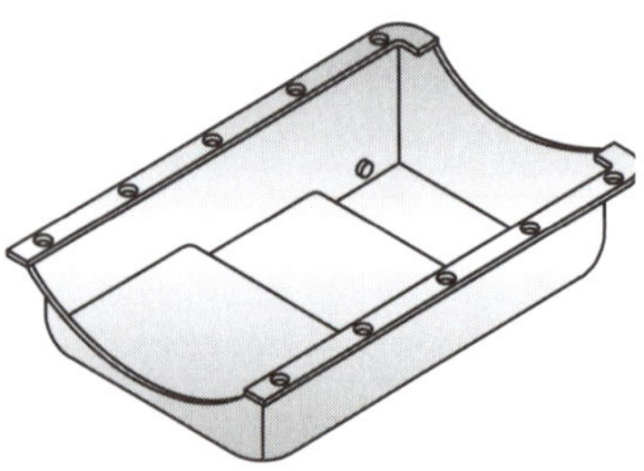

a) Nach welchem Umformverfahren werden Karosserieteile, aber auch Ölwannen aus Blechen geformt? Informieren Sie sich im Fachbuch.

2. Gießen

a) Welche Besonderheiten sind bei gegossenen Fahrzeugteilen möglich?

b) Aus welchen Metallen werden Fahrzeugteile gegossen?

c) Nennen Sie die zur Herstellung eines Gussteiles notwendigen Arbeitsgänge.

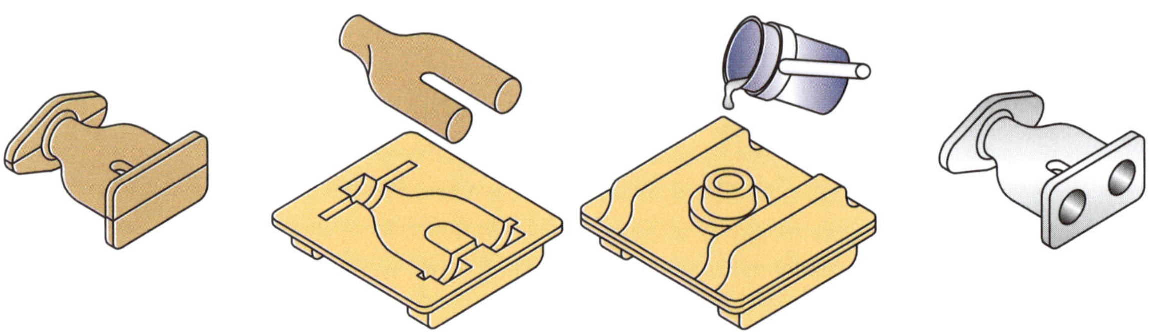

1.

2.

3.

4.

1. Trennen mit Werkzeugschneiden

Beim mechanischen Trennen wird der Zusammenhalt der Werkstoffatome von den eindringenden Schneiden aufgehoben. Man unterscheidet die Trennverfahren: *Spanen* oder *Zerteilen* durch *Keilschneiden* bzw. *Scherschneiden*.

a) Ordnen Sie die vier Fachbegriffe den Werkzeugdarstellungen zu.

b) Nennen Sie zu jedem Trennverfahren drei Werkzeugbeispiele.

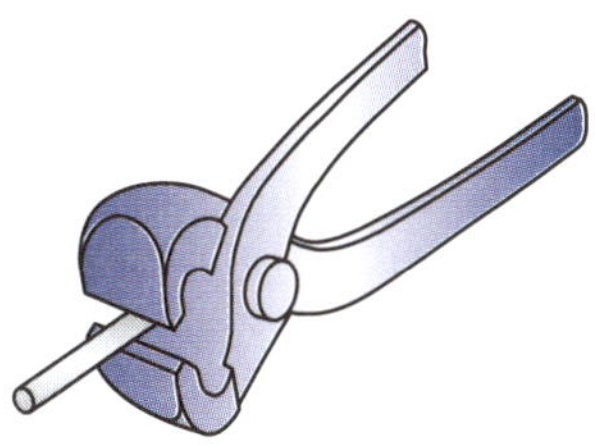

Eine oder zwei Keilschneiden dringen in den Werkstoff ein und drängen ihn auseinander.

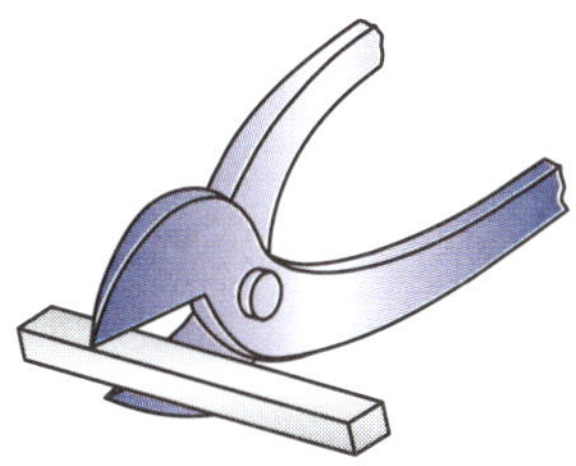

Zwei Scherschneiden bewegen sich im Werkstoff aneinander vorbei und scheren ihn ab.

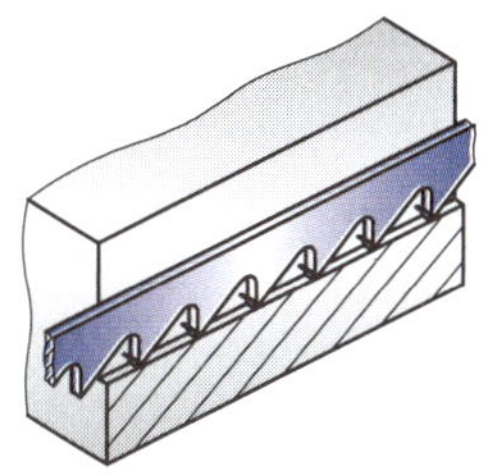

Eine oder mehrere Werkzeugschneiden dringen in den Werkstoff ein und tragen Späne ab.

Werkzeugbeispiele:

c) Trennen Sie mit einer Blechschere unterschiedliche Werkstoffe gleicher Dicke. Was fällt auf?

d) Von welcher Werkstoffeigenschaft ist die Trennkraft abhängig?

2. Grundform der Werkzeugschneide

a) Zeichnen Sie mit dem Rotstift jeweils die Schneidenformen nach.

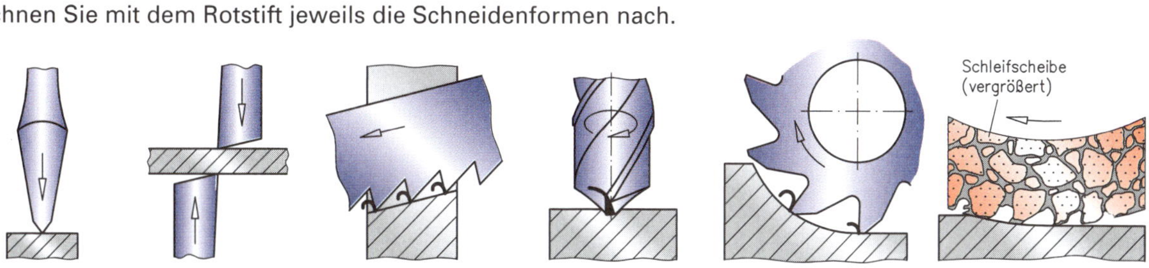

b) Welche Grundform besitzen alle Werkzeugschneiden?

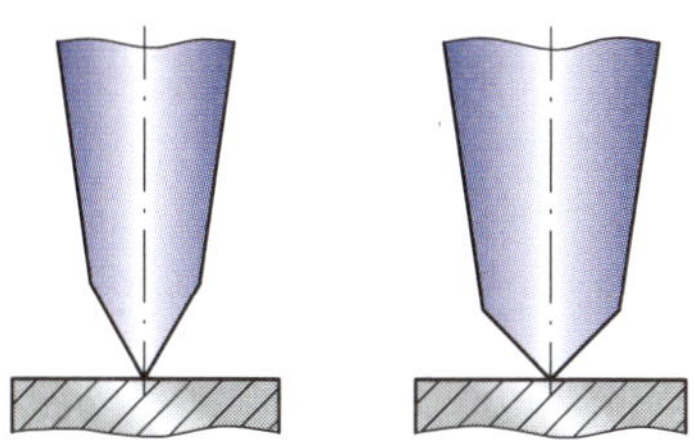

c) Bemaßen Sie in der Zeichnung die Keilwinkel mit dem Formelbuchstaben β (= beta).

d) Wie unterscheiden sich die beiden Keilschneiden?

e) Welcher Schneidkeil benötigt weniger Kraft zum Eindringen?

f) Bei welchen Werkstoffeigenschaften muss man Schneiden mit einem großen Keilwinkel verwenden?

Montagetechnik

Sägen und Feilen

LERNFELD 1 3 4

Name: | Klasse: | Datum: | Blatt:

1. Sägen

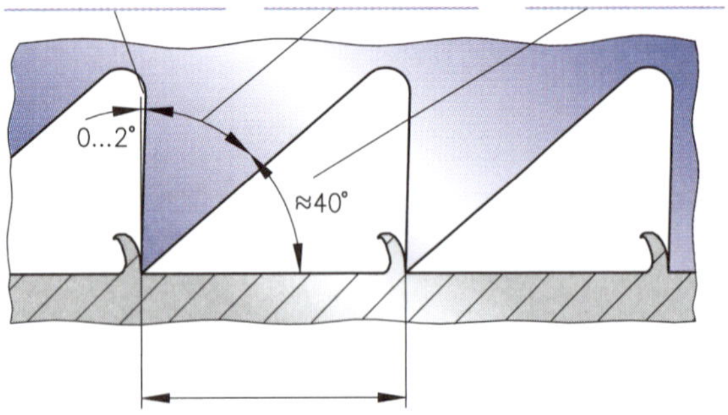

a) Für welche Arbeiten werden Handsägen verwendet?

b) Ergänzen Sie die Zeichnung mit Fachbezeichnungen.

c) Welche Aufgaben hat der Spanraum?

d) Wann sind große Spanräume notwendig?

e) Wie lässt sich der Spanraum bei gleicher Zahnform vergrößern?

f) Metallsägeblätter gibt es mit unterschiedlichen Zahnteilungen. Wofür verwendet man gröbere/feinere Zahnteilungen?

Zähne pro Zoll: 

14 bis 18 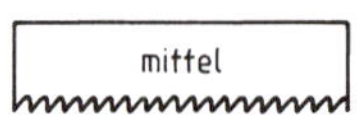

22 bis 25 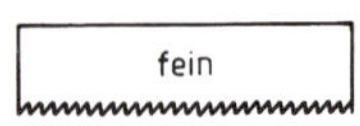

ca. 32

Verwendung:

g) Damit Sägeblätter freischneiden, werden sie im Bereich der Verzahnung breiter. Weshalb ist das Freischneiden wichtig?

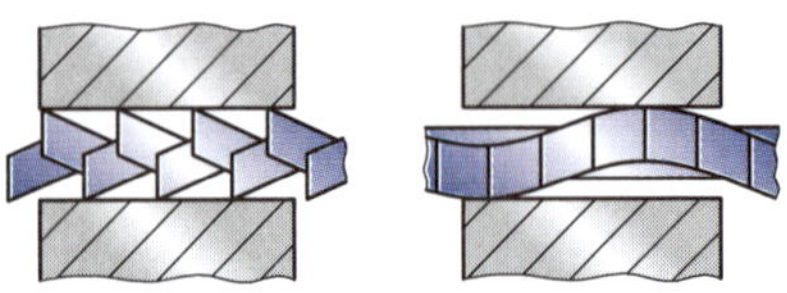

Sägeblatt mit geschränkter und gewellter Verzahnung

2. Feilen

a) Wofür werden Feilen verwendet?

b) Benennen Sie die Feilen nach der Querschnittsform.

c) Bezeichnen Sie die unterschiedlichen Hiebarten der Feilen und geben Sie an, wofür man diese Hiebarten verwendet.

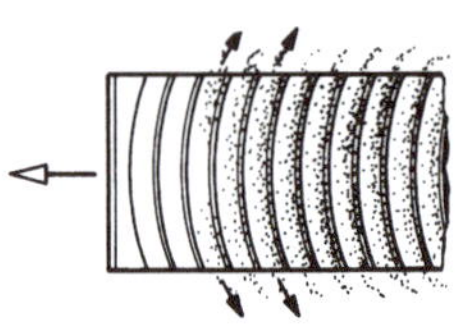 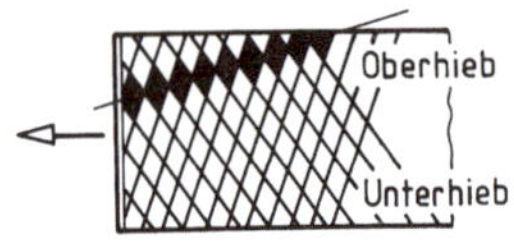

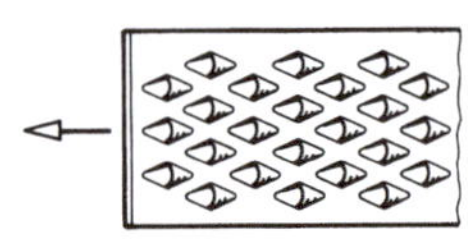

Hiebart:

Werkstoffeignung,

-beispiel:

d) Die Verzahnung der Feilen heißt Hieb. Wofür verwendet man Feilen mit

grobem Hieb: feinem Hieb:

Name: | Klasse: | Datum: | Blatt:

1. Bohrwerkzeuge

- Benennen Sie die **Bohrwerkzeuge** und geben Sie ihre Verwendung an.

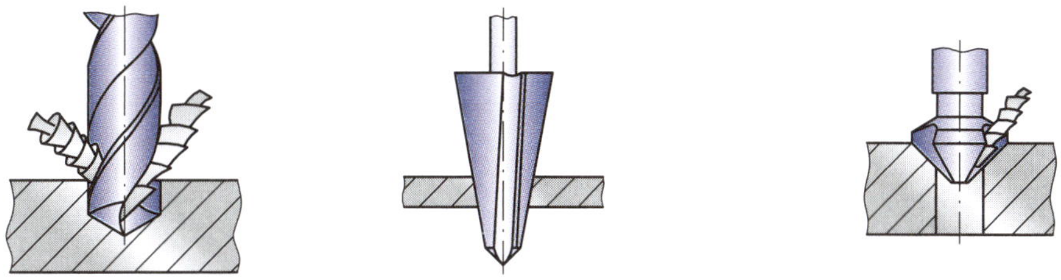

Bohrwerkzeug: ....

Verwendung: allgemein ....

Das meistverwendete Bohrwerkzeug ist der Spiralbohrer, den man besser .... nennen sollte.

2. Eigenschaften des Spiralbohrers

- Welche günstigen Eigenschaften hat der Spiralbohrer?

....

3. Aufbau, Schneiden und Winkel

- Geben Sie die Fachbezeichnungen an.

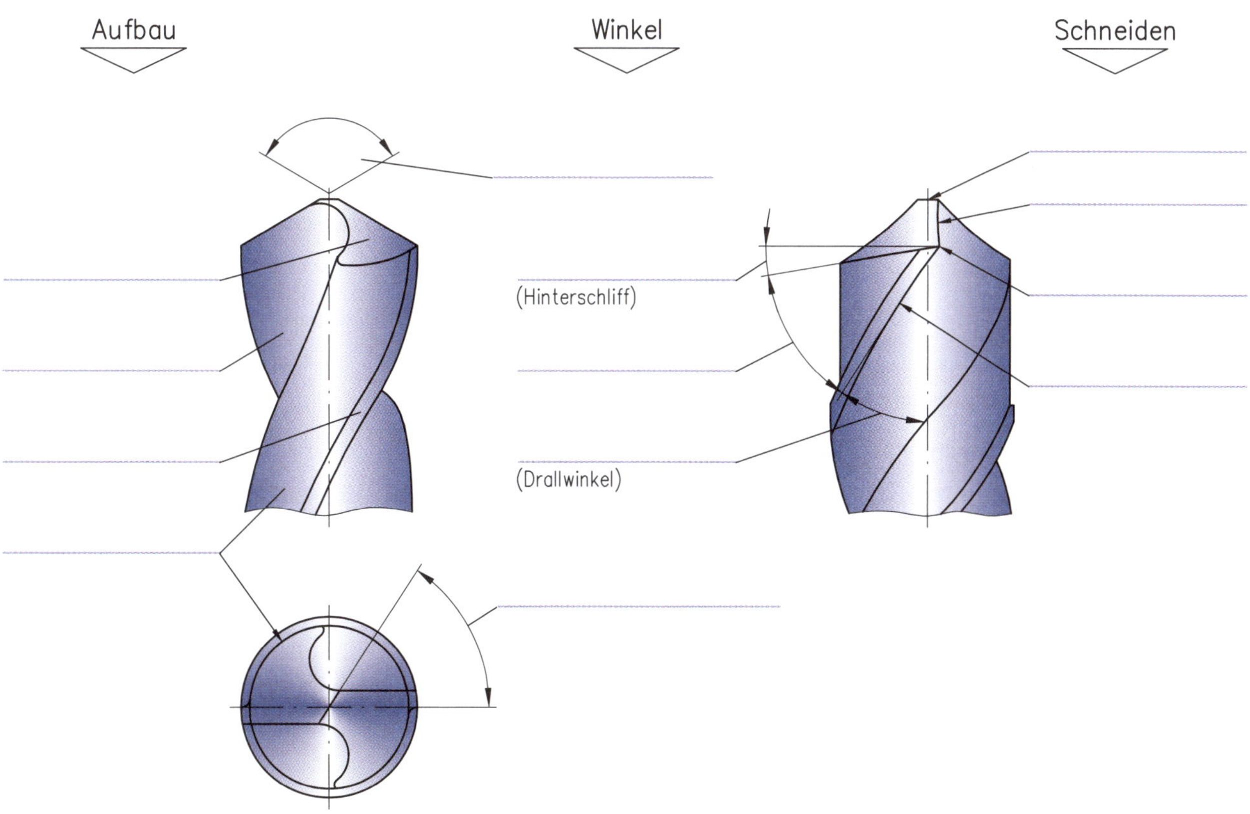

Name: Klasse: Datum: Blatt:

1. Werkzeuge zum Gewindeschneiden

a) Informieren Sie sich in Werkzeugkatalogen und nennen Sie Hand-Werkzeuge zum Schneiden von Innengewinden.

b) Unterscheiden Sie die Gewindebohrer beim dreiteiligen Gewindebohrersatz.

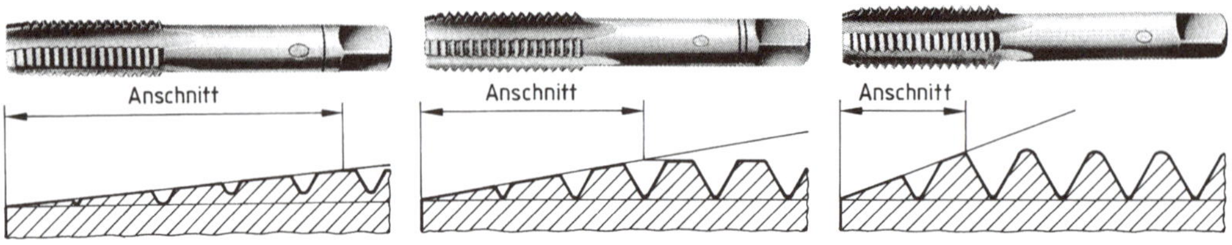

Anschnitt:	lang und flach		
Benennung:	Vorschneider		
Kennzeichnung:	1 Ring		

c) Womit werden Außengewinde von Hand geschnitten?

d) Wofür verwendet man Sechskant-Schneideisen (siehe Abbildung)?

e) Benennen Sie die Werkzeughalter.

2. Arbeitsgänge beim Gewindeschneiden

a) Geben Sie die drei wesentlichen Arbeitsgänge bei der Gewindeherstellung an.

Innengewinde (Muttergewinde)	**Außengewinde** (Bolzengewinde)
①	①
②	②
③	③

b) Wie ist das **Aufschneiden** (= Aufwerfen des Materials beim Gewindeschneiden) zu berücksichtigen?

Beim Kernlochbohren:

Beim Bolzendrehen:

c) Warum muss der Bolzen angefast, die Bohrung angesenkt werden?

d) Worauf ist beim Schneiden mit dem Gewindewerkzeug besonders zu achten? Formulieren Sie Regeln.

Name: Klasse: Datum: Blatt:

Bei der regelmäßigen Inspektion wird auch eine Überprüfung der kompletten Fahrzeug-Außenbeleuchtung durchgeführt.

Welche Lampen und Leuchten am Fahrzeug überprüfen Sie?

Bei der Überprüfung stellen Sie fest, dass die vordere rechte Blinkleuchte nicht funktioniert. Der Meister überträgt Ihnen die Durchführung der Reparatur.

Anhand dieses alltäglichen Problems werden Sie angeleitet, sich in die Materie der elektrischen und elektronischen Systeme am Kfz einzuarbeiten. Mit den nachfolgenden Arbeitsaufträgen, Anleitungen und Hilfen wird Ihnen das auch gelingen.

Das Problem lässt sich offensichtlich einfach lösen: die Blinkleuchte wechseln. Aber wie so oft ist nicht immer der erste Gedanke der einzig mögliche. Es kommen mehrere Problemlösungen in Betracht. Arbeiten Sie die verschiedenen Möglichkeiten durch und lernen Sie dabei die Grundbegriffe aus der Elektrotechnik kennen.

Erledigen Sie Ihre Aufträge zielorientiert. Arbeiten Sie je nach Notwendigkeit sowohl in der Gruppe als auch selbstständig!
Haken Sie alle die Blätter ab, die Sie schon bearbeitet haben!

Elektrotechnische Systeme

1. Elektrischer Strom

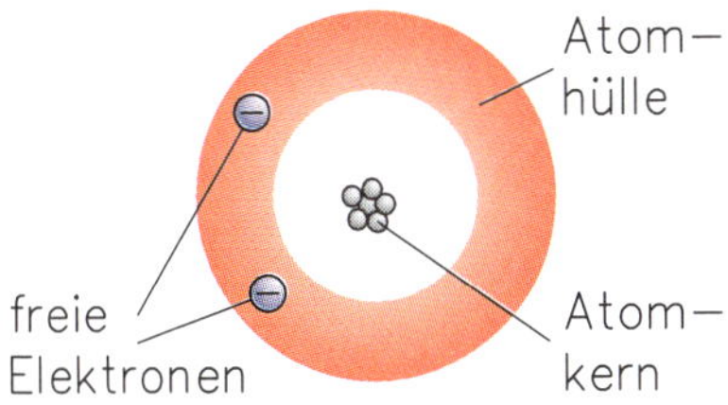

a) Wie nennt man die Elektronen, die weit vom Atomkern entfernt sind und keine feste Bindung zum Atomkern haben?

b) Woraus ergibt sich ein elektrischer Strom?

2. Begriffe aus der Elektrotechnik

a) Tragen Sie in den Schemavergleich Wasserkreislauf – Stromkreislauf Begriffe aus der Elektrotechnik ein.

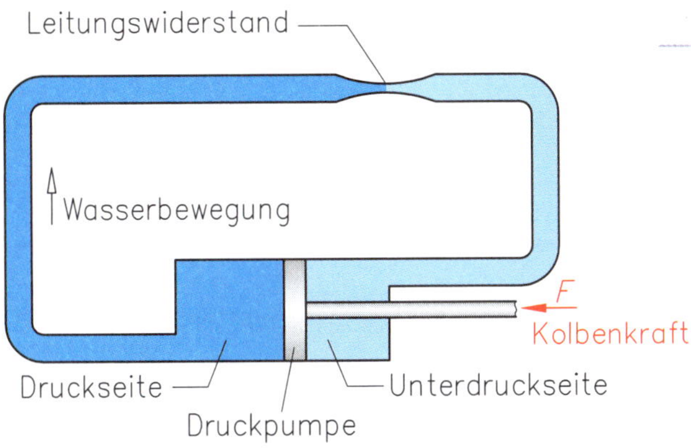

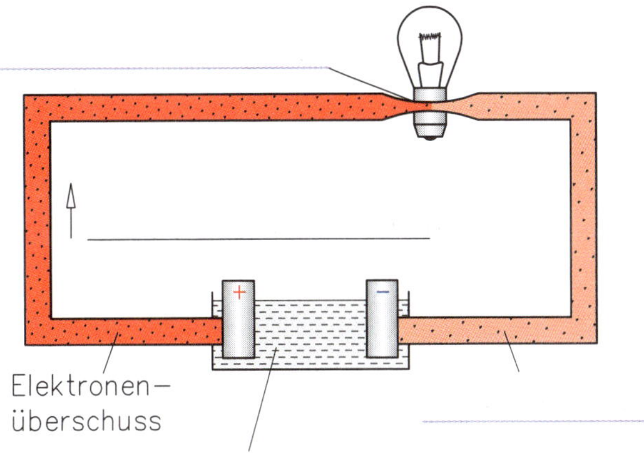

3. Leitfähigkeit

a) Erstellen Sie den nachfolgend abgebildeten Versuchsaufbau.

b) Die unterbrochene Stelle AB wird mit verschiedenen Werkstoffen – aber gleichem Querschnitt – überbrückt.

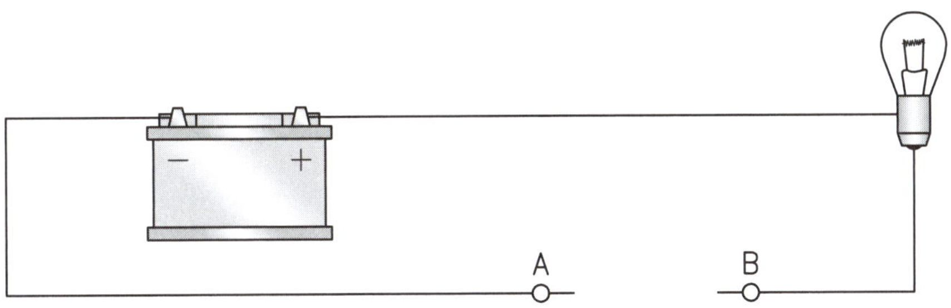

c) Stellen Sie die Versuchsergebnisse in der Tabelle dar.

Werkstoff	Beobachtung: Die Lampe …	Feststellung: Der Werkstoff leitet …
Kupfer	leuchtet	gut
Aluminium		
Stahl		
Kohle		
Gummi		
Kunststoff		

d) Was ist die Voraussetzung für die Leitfähigkeit eines Werkstoffes?

e) Unterscheiden Sie nach der Leitfähigkeit drei Werkstoffgruppen: *Leiter, Halbleiter, Isolator.*
Ergänzen Sie die Tabelle.

		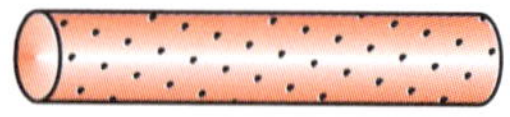	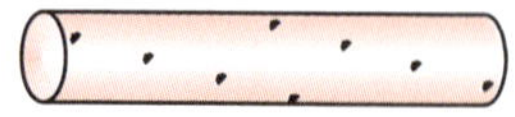
Anzahl der freien Elektronen	sehr viele		
Werkstoffgruppe	Leiter		
Beispiele			

f) Verändern Sie den vorhergehenden Versuchsaufbau so, dass Sie Flüssigkeiten auf ihre Leitfähigkeit überprüfen können.

g) Zeichnen Sie den Schaltplan des Versuchsaufbaues.

h) Ergänzen Sie die Tabelle.

Flüssigkeit	**Beobachtung: Die Lampe**	**Feststellung: Die Flüssigkeit leitet**
Destilliertes Wasser		
Leitungswasser		
Salzwasser		

i) Wie nennt man die positiv oder negativ geladenen Teilchen, die sich in leitfähigen Flüssigkeiten bewegen?

Name: Klasse: Datum: Blatt:

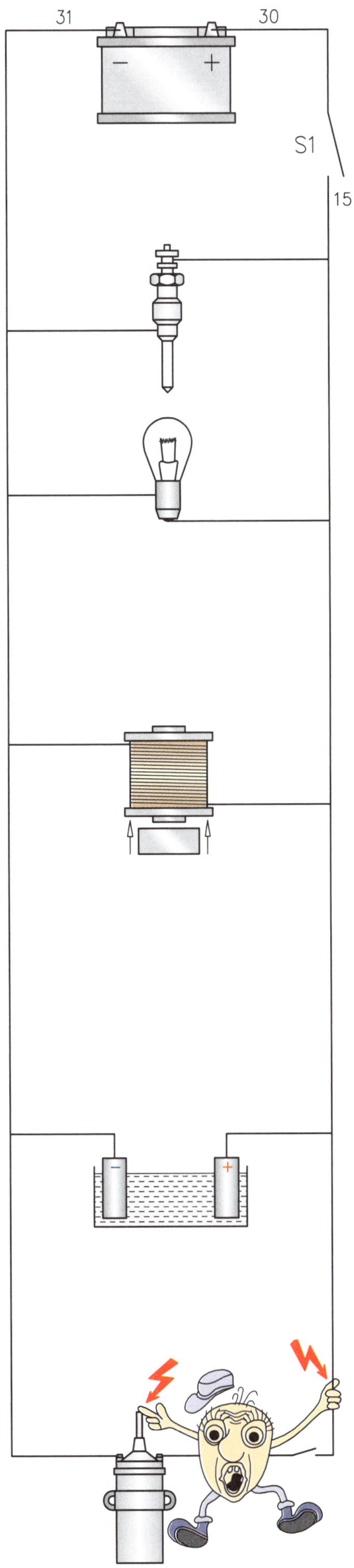

a) Beschreiben Sie Ihre Beobachtung.
b) Benennen Sie die Stromwirkung.
c) Nennen Sie Anwendungsbeispiele am Kraftfahrzeug.

a) Die Glühkerze wird heiß.

b) Wärmewirkung

c) Heizbare Heckscheibe,

a)

b)

c)

a)

b)

c)

a)

b)

c)

a) Ströme im Körper wirken auf das menschliche Nervensystem.
Der menschliche Körper hat einen Widerstand von $R_{Körper} \approx 1000\ \Omega$.

b)

Bei Hochspannungs-Zündanlagen besteht

Name: | Klasse: | Datum: | Blatt:

1. Einfacher Lichtstromkreis

a) Benennen Sie die Bauteile des einfachen Lichtstromkreises.
b) Ergänzen Sie die Tabelle mit den Schaltsymbolen, der Bauteilfunktion und Beispielen aus der Kfz-Technik.

Bauteil	Schaltsymbol	Bauteilfunktion	Beispiele
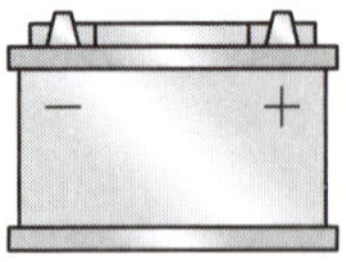			
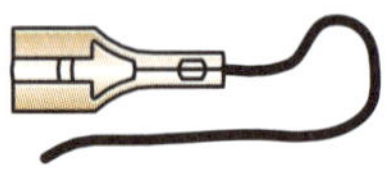			
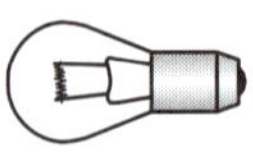			

Elektrischer Strom kann nur fließen, wenn der Stromkreis geschlossen ist.

c) Zeichnen Sie den dargestellten Stromkreis als Schaltplan mit den Schaltsymbolen.

Modellaufbau

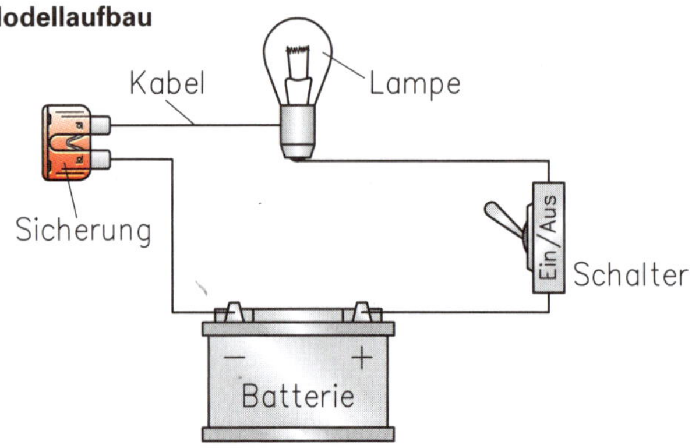

Schaltplan

d) Überlegen Sie, welche Ursachen möglich sind, dass die Blinkleuchte nicht funktioniert?

Um die möglichen Ursachen fachmännisch zu verstehen, müssen Sie sich zuerst mit den Grundbegriffen der Elektrotechnik vertraut machen.

Um sämtliche elektrischen Funktionen eines modernen Kraftfahrzeuges übersichtlich darstellen zu können, verwendet der Fachmann die so genannte **aufgelöste Darstellung eines Schaltplanes.**

Schaltplan in aufgelöster Darstellung

Betrachten Sie den Schaltplan und bearbeiten Sie schrittweise die unten dargestellten Fragen.

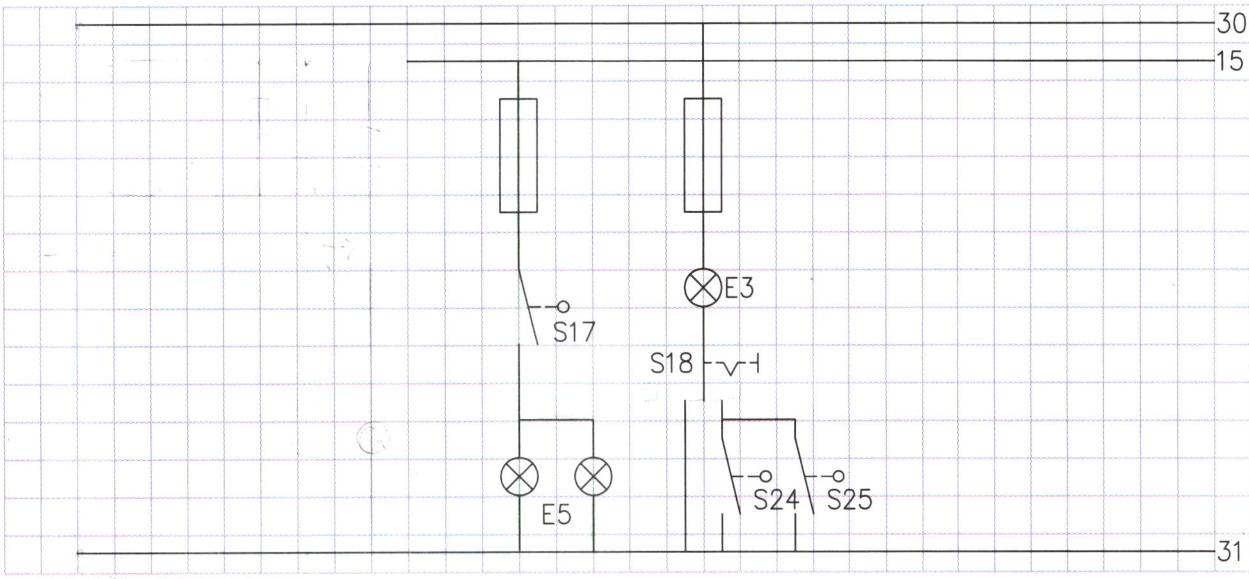

a) Erklären Sie mithilfe des Tabellenbuches **die Klemmenbezeichnung 15, 30 und 31.**

b) Aus welchem Grund verwendet man in Schaltplänen diese Klemmenbezeichnungen?

Im Kraftfahrzeug wird der Minuspol der Batterie mit der Karosserie (= Masse) verbunden.

c) Welche Vereinfachung tritt dadurch ein?

d) Vervollständigen Sie den Schaltplan mit den Bauteilen **„Batterie“** und **„Zündschloss“** S1. Verwenden Sie für die Klemme 15 **eine Sicherung**.

e) **Zeichnen Sie** den Stromverlauf farbig in den Schaltplan ein, wenn der **Schalter 17 geschlossen** ist.

f) Was bedeuten die **Kennzeichnungen „S17“ und „E5“**?

g) Was bedeuten die **Kennzeichnungen „S1“, „S18“, „S24“, „S25“ und „E3“**?

h) Besprechen Sie sich mit Ihrem Nachbarn. Vollziehen Sie die Schaltstellungen von S2, S3 und S4 nach. Erklären Sie, in welchen Schaltstellungen die Lampe E3 leuchtet.

i) **Zeichnen Sie** in den obigen Schaltplan fachgerecht **den Elektromotor der Scheibenwischer-Wasserpumpe ein.**

k) **Zeichnen Sie** in den obigen Schaltplan fachgerecht **eine Uhr ein.**

l) Welche Aufgabe haben Sicherungen?

Elektrotechnische Systeme

Name: Klasse: Datum: Blatt:

1. Spannung

a) Erklären Sie mithilfe des Vergleiches **„Wasserkreislauf – Stromkreislauf“** den Begriff der elektrischen Spannung.

b) Geben Sie das Formelzeichen und die Maßeinheit für die elektrische Spannung an.

Formelzeichen: ____________ **Maßeinheit:** ____________

c) Schlagen Sie im Fachtheoriebuch nach, wie das Spannungsmessgerät in den Stromkreis geschaltet werden muss. Formulieren Sie die richtige Vorgabe für den Anschluss.

d) Ergänzen Sie die Leitungen zu den elektrischen Bauteilen und Symbolen.

e) Schließen Sie das Spannungsmessgerät richtig an, um die Spannung an der Lampe zu messen.

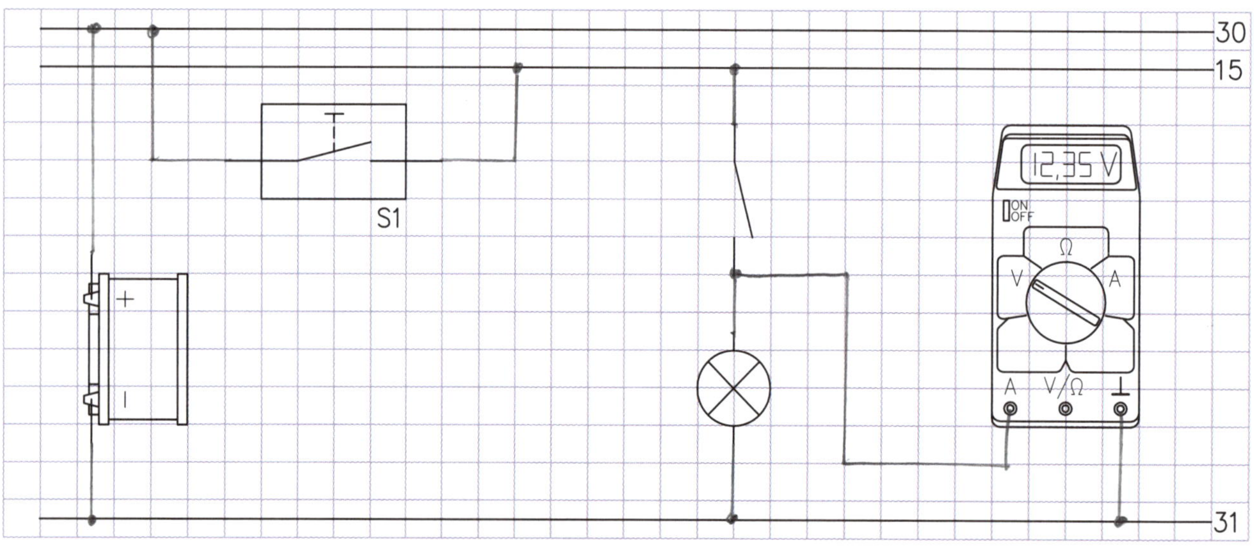

f) Bauen Sie den Stromkreis mit Spannungsmessgerät im Modell nach.

g) Was ist beim Messen mit dem Spannungsmessgerät zum Schutz des Gerätes zu beachten?

2. Strom

a) Erklären Sie mithilfe des Vergleiches **„Wasserkreislauf – Stromkreislauf"** den Begriff des elektrischen Stroms.

b) Geben Sie das Formelzeichen und die Maßeinheit für die elektrische Spannung an.

Formelzeichen: ____________ **Maßeinheit:** ____________

c) Bei der Stromstärke 1 A fließen $6{,}25 \cdot 10^{18}$ Elektronen pro Sekunde durch einen Leiter. Schreiben Sie diese Zahl als Dezimalzahl.

$6{,}25 \cdot 10^{18} =$

d) Schlagen Sie im Fachtheoriebuch nach, wie das Strommessgerät in den Stromkreis geschaltet werden muss. Formulieren Sie die richtige Vorgabe für den Anschluss.

d) **Ergänzen Sie** die Leitungen zu den elektrischen Bauteilen und Symbolen.

e) **Schließen Sie das Strommessgerät richtig an.**

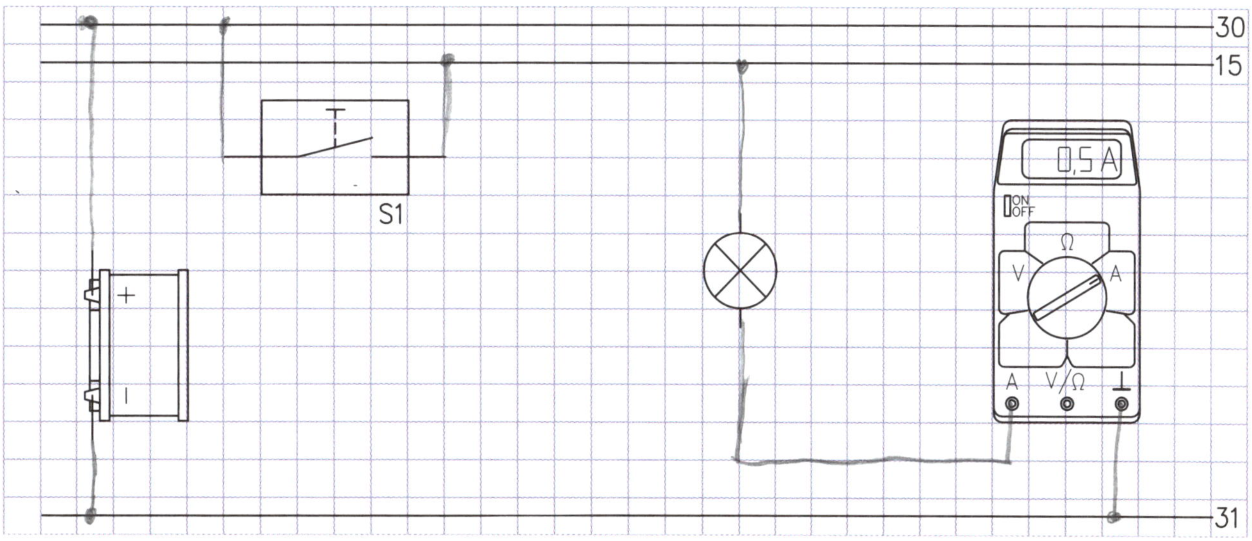

Die Elektronen bewegen sich vom Minuspol der Spannungsquelle durch den Stromkreis zum Pluspol.

g) Geben Sie an, wie die technische Stromrichtung festgelegt ist.

h) Zeichnen Sie in der obigen Darstellung durch farbige Pfeile die technische Stromrichtung ein.

i) Ergänzen Sie die Tabelle mit dem Vielfachen und den Teilern der Maßeinheit der Stromstärke.

Benennung		kA	A	mA
Kiloampere	1 kA =	1		
	1 A =		1	
	1 mA =			1

Elektrotechnische Systeme

3. Widerstand

a) Erklären Sie mithilfe des Vergleiches **„Wasserkreislauf – Stromkreislauf“** den Begriff des elektrischen Widerstandes.

b) Geben Sie das Formelzeichen und die Messeinheit für den elektrischen Widerstand an.

Formelzeichen: ____________ **Maßeinheit:** ____________

c) Zeichnen Sie den Schaltplan eines Stromkreises mit: **Spannungsquelle G1, Zündschloss S1, Schalter, Widerstand und Lampe**.

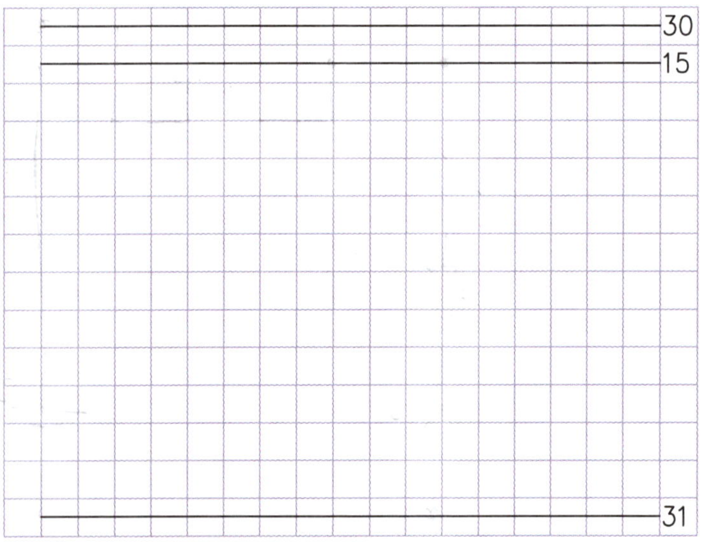

d) Zeichnen Sie den Widerstand. Zeichnen Sie die Messleitungen so ein, dass Sie mit dem Multimeter den Widerstand messen können.

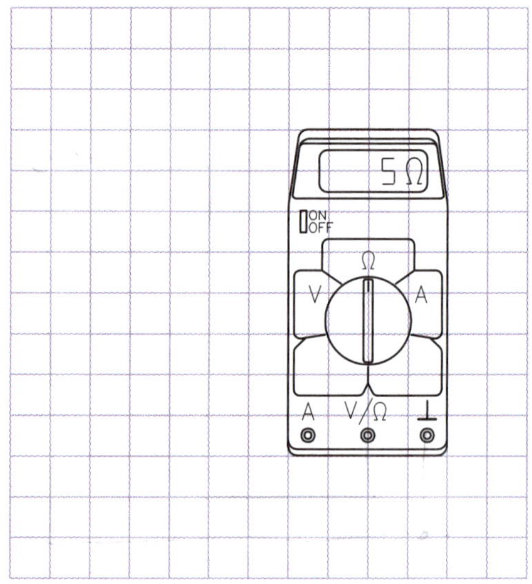

e) Beschreiben Sie, was Sie bei der Messung mit dem Multimeter beachten müssen?

f) Welche Widerstandsmessungen zur Überprüfung von Kfz-Bauteilen werden durchgeführt?

g) Nennen Sie alle Ihnen bekannten Verbraucherwiderstände im Kraftfahrzeug.

Name: Klasse: Datum: Blatt:

1. Das Ohmsche Gesetz

a) Bezeichnen Sie den Widerstand und die Messgeräte im Schaltplan mit Kennbuchstaben.

b) Erstellen Sie den Versuchsaufbau.

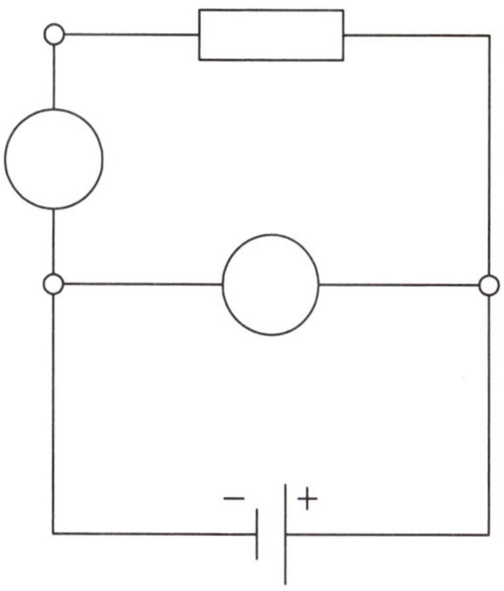

c) Ermitteln Sie durch Versuche die fehlenden Messwerte in der Tabelle. Führen Sie dazu zwei Messungen durch:

➔ Lassen Sie zuerst den **Widerstand gleich** und **ändern** Sie die **Spannung**.

➔ Lassen Sie dann die **Spannung gleich** und **ändern** Sie die **Widerstände**.

Spannung *U* **in V**	**Strom** *I* **in A**	~~**Leistung**~~ *R* **in Ω**
U_1 = ______	I_1 = ______	R_1 = ______
U_2 = ______	I_2 = ______	R_2 = ______
U_3 = ______	I_3 = ______	R_3 = ______
U_4 = ______	I_4 = ______	R_4 = ______
U_5 = ______	I_5 = ______	R_5 = ______
U_6 = ______	I_6 = ______	R_5 = ______

Auswertung der Versuche

① Wie ändert sich die Stromstärke, wenn bei gleichem Widerstand die Spannung erhöht wird?

____

____

② Wie ändert sich die Stromstärke, wenn bei gleicher Spannung der Widerstand erhöht wird?

____

____

③ **Rechnerischer Zusammenhang**

Wortformel

Spannung = ______________________________

Formel

***U* =** ______________________________

2. Technischer Zusammenhang

d) Welchen Widerstand hat ein schwacher Verbraucher, z. B. eine Standlichtbirne? Beschreiben Sie mit groß/klein.

____

____

e) Wie groß ist der Strom, wenn der Widerstand des Bauteiles (= Leiter) fast Null wird?

____

____

____

____

____

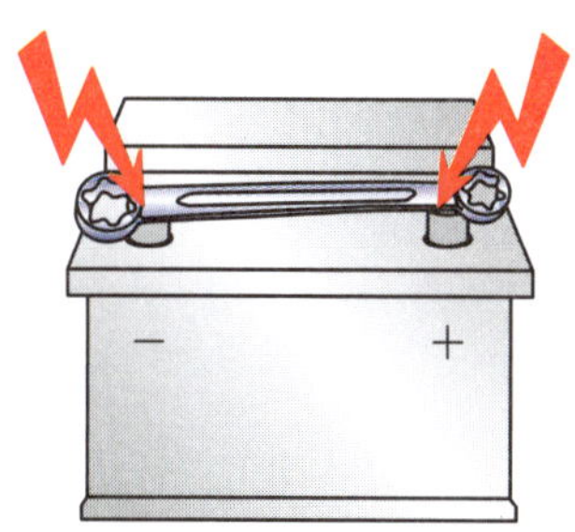

Elektrotechnische Systeme

2. Berechnungen zum ohmschen Gesetz

a) Durch eine Glühlampe mit einem Widerstand von 3,2 Ω fließt ein Strom von 3,75 A.
Berechnen Sie die Spannung.

Ges.:
Geg.:

Lös.:

b) Welcher Strom fließt durch ein Einspritzventil, das einen Widerstand von 25 Ω hat.
Die Betriebsspannung beträgt 12 V.

Ges.:
Geg.:

Lös.:

c) Der Heizdraht einer heizbaren Frontscheibe hat einen Widerstand von 8 Ω. Die Spannung beträgt 12 V.
Wie groß ist der Strom?

Ges.:
Geg.:

Lös.:

d) Wie groß muss der Vorwiderstand zu einem Gebläsemotor gewählt werden, wenn bei einer Spannung von 12 V ein Strom von 0,8 A fließen soll?

Ges.:
Geg.:

Lös.:

1. Das Multimeter

Um Fehler im Bordnetz feststellen zu können, muss die elektrische Spannung, der Strom oder der Widerstand an geeigneten Messpunkten gemessen werden. In der Regel werden dazu in der Werkstatt Vielfachmessgeräte, so genannte Multimeter, verwendet. Meistens wird heute mit einem digitalen Multimeter gearbeitet.

a) Informieren Sie sich in der Bedienungsanleitung eines Multimeters über die Bedienungselemente.

b) Ergänzen Sie die Tabelle.

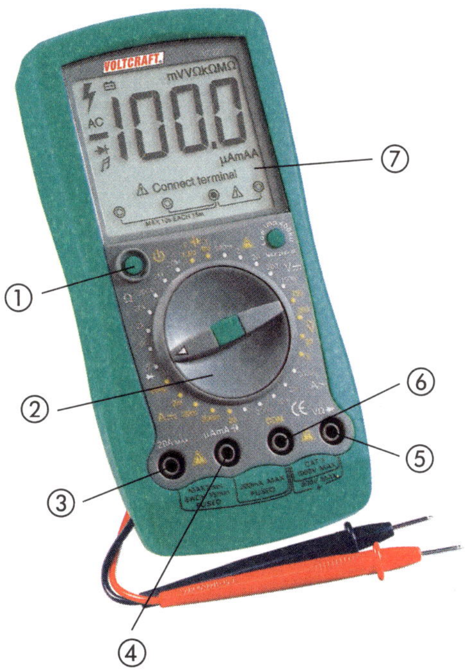

Position	Beschreibung
1	Ein-/Aus-Druckschalter
2	
3	
4	
5	
6	
7	

2. Messübungen

2.1 Spannungsmessung

a) Wie muss ein Spannungsmesser zum Verbraucher oder zur Spannungsquelle geschaltet werden?

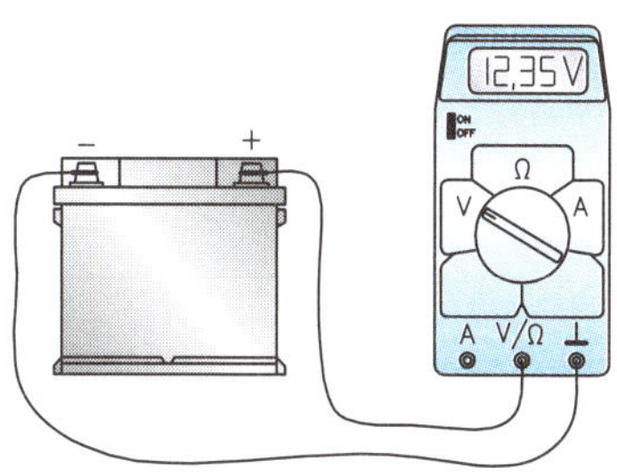

b) Führen Sie die geforderten Spannungsmessungen an den **Batteriepolen** durch.

c) Tragen Sie die Messwerte in die Tabelle ein.

Motor	Schaltposition	*U* in V
Motor steht	Licht ein	
Motor steht	Heckscheibenheizung ein	
Motor steht	Licht und Heckscheibenheizung ein	
Motor läuft	Leerlauf	
Motor läuft	Motor mit 3000 $^1/min$	
Motor läuft	Licht und Heckscheibenheizung ein	

2.2 Messen von Widerständen

a) Was ist beim Messen von Widerständen zu beachten?

b) Bestimmen Sie mit dem Multimeter folgende Widerstände.

Bauteil	***R* in kΩ**
Zündkabel	
Zündspule	
Zündkerzenstecker	
Verteilerfinger	

c) Von der Elektroschaltwand sind definierte Widerstände abgeklebt. Bestimmen Sie die Widerstandswerte.

Definierter Widerstand	***R* in kΩ**
Unbekannt 1	
Unbekannt 2	
Unbekannt 3	
Unbekannt 4	

2.3 Messen von Strom

Mit einem Zangenamperemeter, auch Stromzange genannt, kann man große Ströme berührungsfrei messen. Die Stromzange darf bei der Messung nur eine einzelne Leitung umfassen.

Nachteil: Die Stromzange misst ungenau und ist daher **für kleine Ströme nicht geeignet**.

a) Messen Sie mit einer Stromzange an den Zuleitungen.

Zuleitung	***I* in A**
Anlasserstrom	
Vorglühanlage	
Ladestrom des Generators	
Scheinwerferlampe Fernlicht	
Scheinwerferlampe Abblendlicht	

Name: Klasse: Datum: Blatt:

1. Rechnerischer Zusammenhang

a) Schlagen Sie die Formel für **elektrische Leistung** im Tabellenbuch nach.

Formelzeichen: ____________ **Einheit:** ____________

Formel: ________________________

Für den nächsten Schritt benötigen Sie die Formel für das ohmsche Gesetz.

b) Stellen Sie die Formel des ohmschen Gesetzes nach den Größen *U* und *I* um:

____________ ____________

c) Setzen Sie die umgestellten Formeln in die ursprüngliche Leistungsformel ein.

____________ ____________

d) Sie erhalten zwei weitere Formeln für die Berechnung der elektrischen Leistung.

____________ ____________

e) Warum sind diese weiteren Formeln sinnvoll?

____

____

____

f) Analysieren Sie die Angaben in den Formeln. Wie müssen sich die elektrischen Größen verändern, um eine Erhöhung der elektrischen Leistung zu erhalten?

____

____

____

2. Übungsaufgaben

a) Der Heizdraht einer heizbaren Heckscheibe hat einen Widerstand von 5 Ω, die Betriebsspannung ist 12 V. Ermitteln Sie die elektrische Leistung.

Ges.:

Geg.:

Lös.:

b) Berechnen Sie die Ströme I_1 und I_2 die im Stromkreis fließen, wenn die Leistung $P = 300\ \text{W}$ gleich bleibt.
Die Spannung $U_1 = 12\ \text{V}$ und die Spannung $U_2 = 42\ \text{V}$.

Ges.:
Geg.:

Lös.:

c) Erklären Sie die Vorteile des **42-V-Bordnetzes**, das die Kraftfahrzeughersteller für die **Zukunft planen**.

d) Der Starter eines LKW-Motors nimmt bei einer Klemmenspannung von $U = 9{,}6\ \text{V}$ einen Strom von $I = 690\ \text{A}$ auf.
Berechnen Sie die elektrische Leistung.

Ges.:
Geg.:

Lös.:

e) Warum ist die Klemmenspannung der Batterie nicht 12 V?

f) Wie groß ist der Strom bei einer Halogenlampe mit den Kennwerten 12 V/55 W?

Ges.:
Geg.:

Lös.:

a) Beschreiben Sie die Schaltmöglichkeiten eines Innengebläses mithilfe des abgebildeten Schalters.

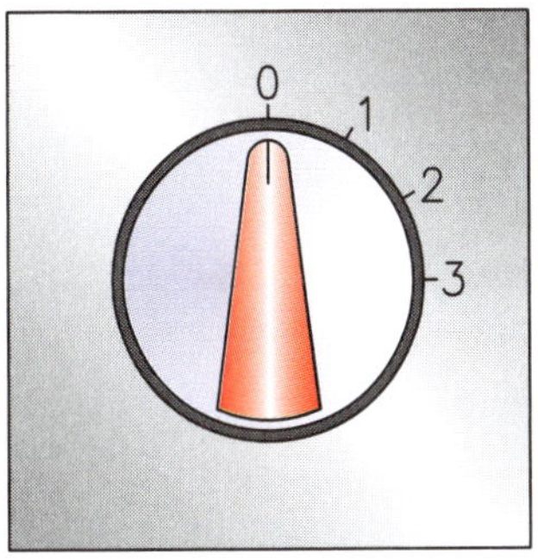

b) Wie kann man den Innengebläse-Motor mit geschwächter Leistung (= Schaltstufen 1 oder 2) betreiben?

c) Bauen Sie die nachfolgende Schaltung in **zwei Schaltzuständen** auf:
① Ohne Vorwiderstand
② Mit Vorwiderstand

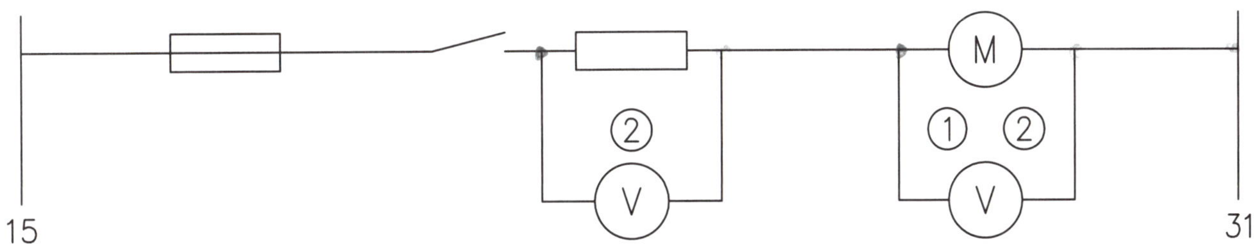

d) Messen Sie die Teilspannungen und tragen Sie die Ergebnisse in die Tabelle ein.

Schaltzustand / **Spannung *U***	**ohne/mit Vorwiderstand**	**am Motor**
1	—	
2		

Erkenntnis:

e) Ergänzen Sie die Schaltung mit zwei Vorwiderständen so, dass man einen Gebläse-Motor mit drei verschiedenen Geschwindigkeiten betreiben kann. Verwenden Sie einen 3-Stufen-Schalter.

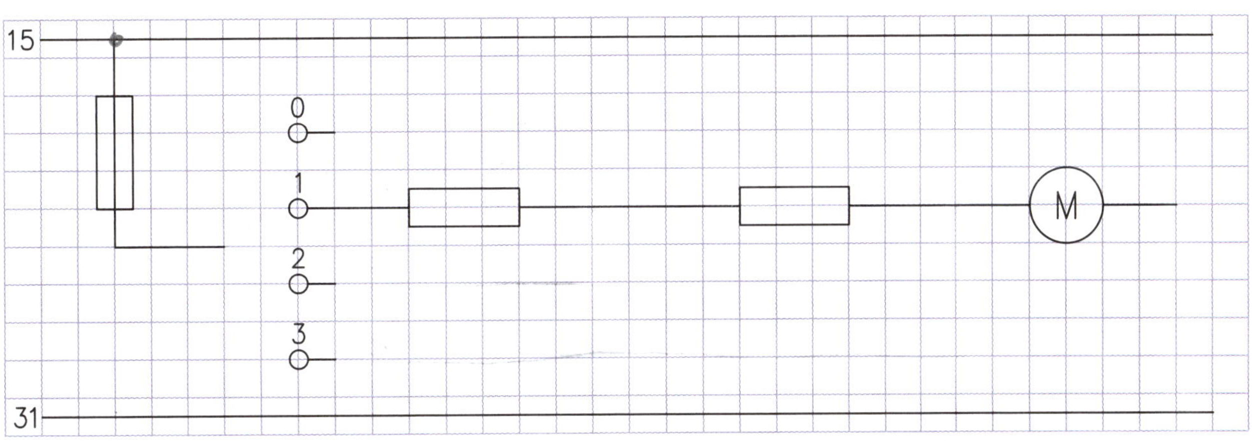

Elektrotechnische Systeme

Weiterführende Überlegungen

① Treffen Sie eine Aussage über den Stromfluss durch die drei Widerstände.

② Wie setzt sich die Gesamtspannung zusammen?

③ Wie setzt sich der Gesamtwiderstand zusammen?

④ **Rechnerischer Zusammenhang**

Formeln

I_{ges} =	U_{ges} =	R_{ges} =

Die Spannungsspule eines Spannungsreglers hat einen Widerstand von R_1 = 18,25 Ω. Ein Widerstand R_2 = 27,68 Ω ist mit der Spule in Reihe geschaltet. Es fließt ein Strom von 0,32 A. Bestimmen Sie:

a) den Gesamtwiderstand R_{ges},
b) die Gesamtspannung U_{ges},
c) die Teilspannungen U_1 und U_2.

Ges.:

Geg.:

Lös.:

Name: | Klasse: | Datum: | Blatt:

1. Problemstellung, Schaltplan und Messungen

Wenn man in einer elektrischen Schaltung **mehrere Verbraucher** (= Widerstände) mit **einem Schalter** ansteuern möchte, muss man diese auf eine bestimmte Art verbinden.

a) Wie nennt man diese Schaltung?

b) Zeichnen Sie **die Begrenzungsleuchten** und **die Schlussleuchten** eines PKW's in den Schaltplan ein.
- Zeichnen Sie mit Bleistift. Sie müssen später noch radieren können, um die Messgeräte einzuzeichnen.
- Beschriften Sie alle Bauteile mit den Gerätebezeichnungen nach DIN 72552 (z.B. Lichtschalter S18).
- Verwenden Sie das Tabellenbuch.
- **Es gibt nur einen gemeinsamen Schalter.**
- Die **linke** und die **rechte Seite** werden **getrennt abgesichert**.

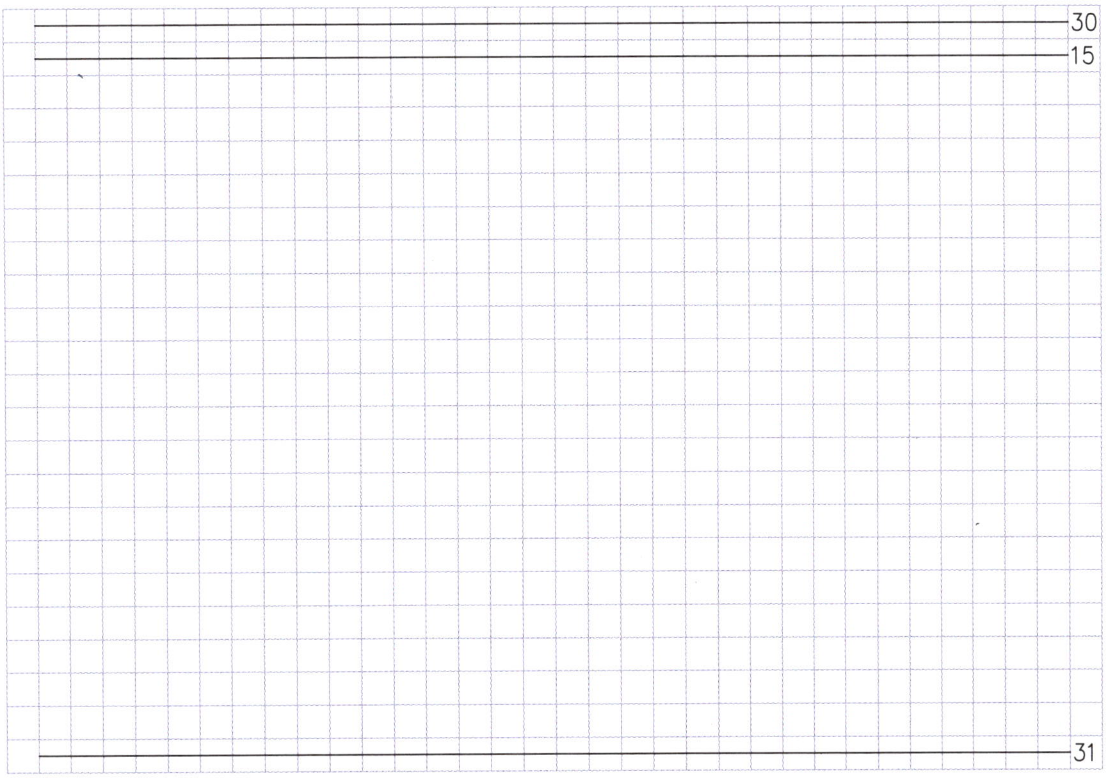

c) Zeichnen Sie die **Messgeräte** für die blau markierten Messstellen der unteren Tabelle in den Schaltplan ein.

d) Bauen Sie diese Schaltung an der Elektro-Schalttafel nach.

e) Führen Sie die **Messungen** für die blau markierten Messstellen durch.

f) Tragen Sie die Werte für den Strom und die Spannung in die Tabelle ein.

g) Ergänzen Sie die fehlenden Zahlen sinnvoll und begründen Sie Ihre Zahlenwerte.

Messstellen für *I*	*I* in A	Messstellen für *U*	*U* in V
① **Gesamtstrom**		⑤ **Spannung zu 30 und 31**	
② **Teilstrom F18**		⑥ **Spannung bei F18**	
Teilstrom F19	1	Spannung bei F19	~ 0
Teilstrom E11 (5 W)	0,42	⑦ **Spannung bei E11**	
③ **Teilstrom E12 (W)**		Spannung bei E12	12
Teilstrom E13 (5 W)	0,42	⑧ **Spannung bei E13**	
④ **Teilstrom E14 (W)**		Spannung bei E14	12

h) Welche Gesetzmäßigkeiten können Sie aus den gemessenen Werten erkennen?

j) Ergänzen Sie in der Tabelle zuvor die Werte der **elektrischen Leistung** für die gewählten Leuchten.

k) Vergleichen Sie die Gesetzmäßigkeiten der Reihenschaltung und der Parallelschaltung.

Reihenschaltung	**Parallelschaltung**
$I_{ges} = I_1 = I_2 = I_3 = I_4 = \ldots$	$I_{ges} = I_1 + I_2 + I_3 + I_4 + \ldots$
$U_{ges} =$	$U_{ges} =$
$R_{ges} =$	$1/R_{ges} =$

l) Welche Folgen hat der Ausfall eines Verbrauchers in einer Parallelschaltung.

m) Überlegen Sie, wo es im Kraftfahrzeug weitere Parallelschaltungen gibt.

2. Übungsaufgaben zur Parallelschaltung

a) Wie groß ist bei zwei parallel geschalteten Glühlampen der Teilstrom I_1 in A, wenn der Gesamtstrom $I_g = 5{,}1$ A und der Teilstrom $I_2 = 1{,}35$ A beträgt?

Ges.:
Geg.:

Lös.:

b) Fertigen Sie eine Skizze der Schaltung an und diskutieren Sie Ihr Ergebnis mit Ihrem Nachbarn.

c) Wie groß ist der Widerstand R_2 einer Parallelschaltung in Ω, wenn der Gesamtwiderstand 8 Ω und der Widerstand $R_1 = 24\ \Omega$ beträgt?
Formulieren Sie eine Regel bezüglich des Verhältnisses Gesamtwiderstand zu Einzelwiderstände.
(Erstellen Sie die Lösungen auf einem gesonderten Blatt.)

3. Übungsaufgaben zur Elektrotechnik im Kraftfahrzeug

a) Berechnen Sie von einer Fernlichtlampe (12 V/65 W) den Strom und den Widerstand.

b) Messen Sie den Widerstand der Lampe und erklären Sie das Ergebnis.

c) Die vier Blinkleuchten einer 12-V-Anlage sind parallel geschaltet. Der Widerstand je Leuchte beträgt 7 Ω.
Wie groß ist der Gesamtwiderstand? Welchen Strom muss das Blinkerrelais schalten?

d) Vier in Reihe geschaltete Glühkerzen mit je 3 V Spannung werden von 42 A Strom durchflossen.
Zeichnen Sie den Schaltplan. Verwenden Sie das genormte Symbol für die Glühkerze.
Berechnen Sie:
- die Einzelwiderstände,
- den Gesamtwiderstand,
- die Gesamtspannung.

Übertragen Sie die errechneten Werte in den Schaltplan.
(Erstellen Sie die Lösungen auf einem gesonderten Blatt.)

Spezifischer Widerstand

Name: Klasse: Datum: Blatt:

Leiterwerkstoffe setzen dem Fließen des elektrischen Stromes einen unterschiedlichen Widerstand entgegen.

a) Ergänzen Sie den nebenstehenden Schaltplan. Erstellen Sie den Versuchsaufbau aus: Spannungsquelle, Strommesser und Spannungsmesser. Die Strecke AB wird mit unterschiedlichen Leiterwerkstoffen überbrückt.

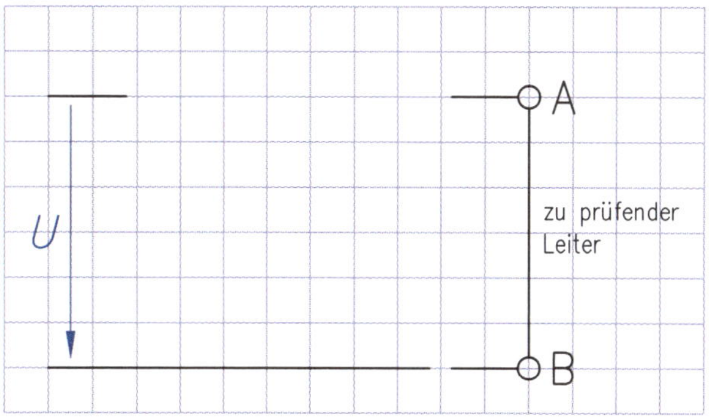

b) Verwenden Sie vorwiegend Widerstandsdrähte (Konstantan) und immer die gleiche, kleine Messspannung ($U < 1$ V). Tragen Sie die Versuchsergebnisse in die Tabelle eine.

Einfluss der Leiterlänge

l in m	U in V	I in A	R in Ω

Einfluss des Leiterquerschnitts

A in mm²	U in V	I in A	R in Ω

Einfluss des Leiterwerkstoffes

Werkstoff	U in V	I in A	R in Ω

Auswertung der Versuche

① Wie wirkt sich die **Leiterlänge** auf den Leiterwiderstand aus?

Je länger

② Wie wirkt sich der **Leiterquerschnitt** auf den Leiterwiderstand aus?

③ Wie wirkt sich der **Leiterwerkstoff** auf den Leiterwiderstand aus?

④ Was versteht man unter dem **spezifischen Widerstand**?

Elektrotechnische Systeme

Rechnerischer Zusammenhang

Wortformel

Leiterwiderstand = ____________________

Formel

$R =$ ________

c) Welchen Widerstand hat der Kupferdraht einer Relaiswicklung, der eine Länge von 35 m und eine Querschnittsfläche von 0,01 mm^2 hat?

Ges.:

Geg.:

Lös.:

d) Bei der Untersuchung der Einflussgröße Länge ergab sich bei einem 3 m langen Draht mit einer Querschnittsfläche von 0,04 mm^2 ein gemessener Widerstand von 36 Ω. Aus welchem Werkstoff besteht der Draht?

Ges.:

Geg.:

Lös.:

e) Berechnen Sie mit dem Fachrechenbuch oder dem Fachrechenlehrgang weitere Aufgaben.

Name: Klasse: Datum: Blatt:

1. Steuer- und Arbeitsstromkreis beim Relais

In einem Kraftfahrzeug sind ungefähr 1,5–2 km elektrischer Leitungen verlegt. Die Entfernungen zwischen der Spannungsquelle, dem Sicherungskasten und dem Verbraucher sind manchmal ziemlich groß.

a) Wie werden für die hohen Arbeitsströme lange Leitungen verhindert?

b) Was kennzeichnet dabei die beiden Stromkreise
(Merkmale: Länge und Querschnitt der Leitungen, großer/ kleiner Strom)

c) Mit welchem Bauteil wird der Arbeitsstromkreise geschaltet?

2. Kennzeichnung des Relais

a) Beschriften Sie das Relais mit den Klemmenbezeichnungen 30, 85, 86 und 87 (siehe Tabellenbuch).

b) Benennen Sie die Anschlüsse mit **EAS** (= **E**ingang **A**rbeits-**S**tromkreis) **AAS** (= **A**usgang **AS**), **ESS** und **ASS**.

c) Kennzeichnen Sie den **Steuerstrom blau** und den **Arbeitstrom rot**.

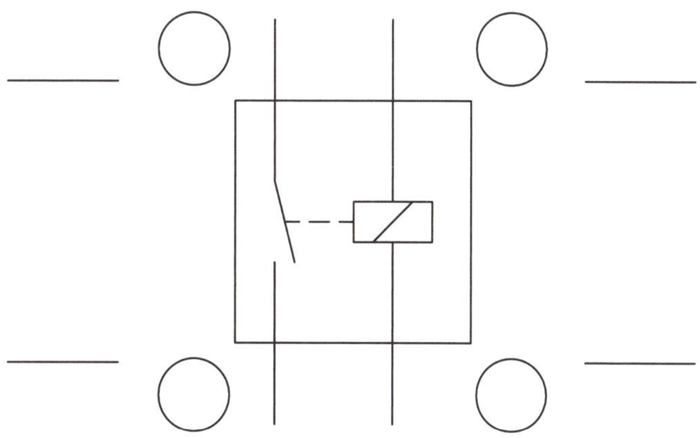

d) Erklären Sie den Aufbau des Relais.

e) Beschreiben Sie die Funktion von einem Relais.

3. Stromlaufplan mit einem Relais

a) Schließen Sie das Relais so in den Stromlaufplan an, dass die Hupe (= das Signalhorn) über das Relais angesteuert wird.

- Der Arbeitsstromkreis soll separat abgesichert sein
- Kennzeichnen Sie den **Steuerstrom blau** und den **Arbeitstrom rot**.
- Beschriften Sie den Schaltplan mit den Bosch-Nummern und den Geräte-Kennzeichen.

b) Welche Vorteile hat diese Schaltung?

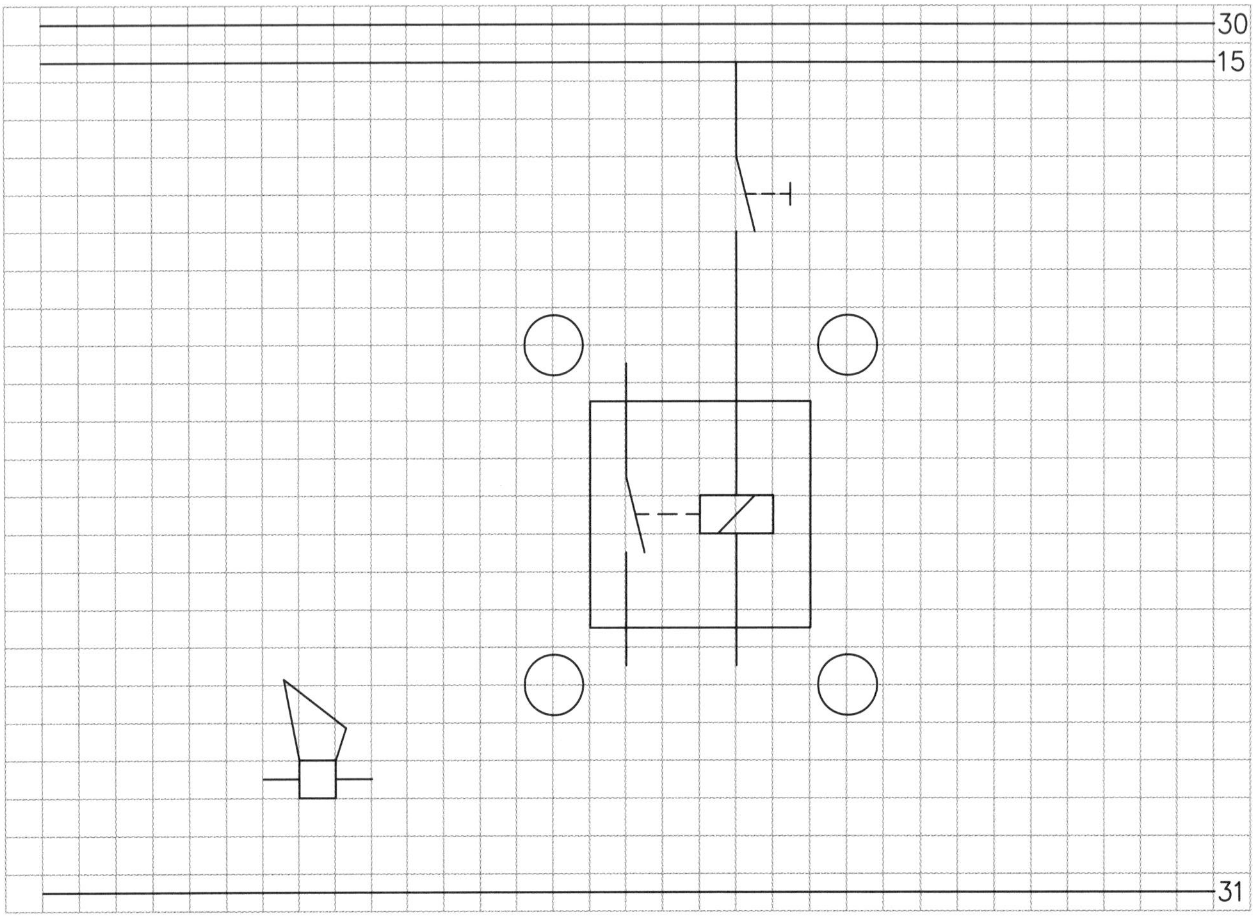

c) Welche Arten von Relais gibt es?

d) Erklären Sie den Unterschied zwischen den Relaisarten.

Name: Klasse: Datum: Blatt:

Auszug aus der Bedienungsanleitung

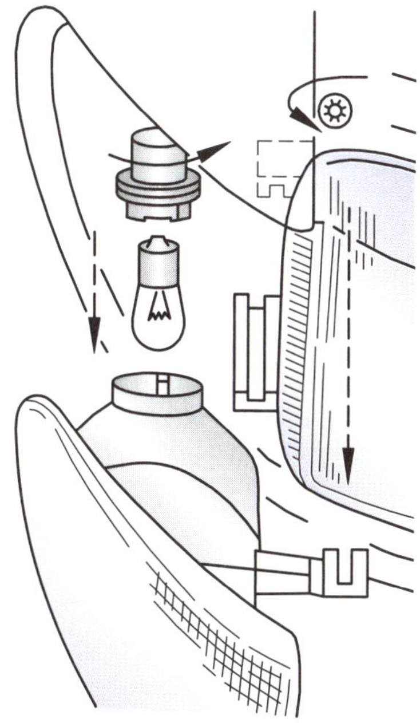

Vordere Blinkleuchten, Lampe wechseln

Kugellampe, 21 Watt, gelb gefärbt.

Die äußere Schraube oberhalb des Scheinwerfers lösen und komplettes Lampengehäuse nach vorne herausziehen. Lampenfassung nach links drehen und herausziehen. Lampe unter leichtem Druck nach links drehen, herausnehmen und wechseln.

Beim Einbau in umgekehrter Reihenfolge auf die Führung unten am Lampengehäuse achten.

a) Welche Lampe holen Sie von der Materialausgabe?

b) Arbeiten Sie in der Gruppe. Erklären Sie sich gegenseitig anhand des Bildes mit eigenen Worten den Ablauf des Lampenwechsels.

c) Ergänzen Sie die Tabelle mit den Arbeitsschritten zum Ausbau und Einbau der Blinkleuchte.
Formulieren Sie kurze vollständige Sätze.

Arbeitsschritt	Werkzeug
Zuerst muss man die äußere Schraube oberhalb des Scheinwerfers lösen.	Schraubendreher

d) Stellen Sie Ihr Ergebnis der Klasse vor.

Elektrotechnische Systeme

Sie stellen fest, dass die neu eingesetzte **Blinkerlampe auch nicht funktioniert**.
Der Fehler muss woanders liegen. Der Meister rät, für die weitere Fehlersuche auf den Schaltplan zu schauen.

a) In welcher Form werden Schaltpläne für Pkw's im Tabellenbuch dargestellt?

b) In welchem Bereich des Stromlaufplanes für Pkw's finden Sie den Schaltplan für die Blinkleuchten?

Schaltpläne stellen die elektrische Schaltung mit Symbolen dar. Schaltsymbole für Geräte werden mit genormten Gerätekennzeichen und den Klemmenbezeichnungen ergänzt.

Hinweis: Um den Schaltplan besser „lesen" und verstehen zu können, müssen Sie zuerst die Seiten: Wirkungen des elektrischen Stroms, Stromkreis, Elektrischer Strom, Elektrische Größen, Zusammenhang der elektrischen Größen und Vielfachmessgeräte bearbeiten. Das Beherrschen von Berechnungen zur elektrischen Leistung, elektrischen Arbeit und die Berechnungen der Widerstandsschaltungen und des spezifischen Widerstands gehört ebenfalls zur Kenntnis der elektrischen Systeme. Nicht vergessen: Schutzmaßnahmen in der Elektrotechnik bearbeiten und beachten!

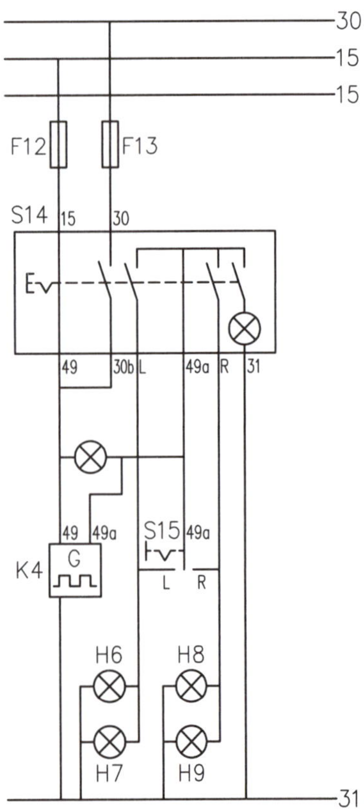

c) Ergänzen Sie mithilfe des Tabellenbuches oder dem Fachtheoriebuch die Bedeutungen.

Gerätekennzeichen	Bedeutung
F12	
S14	
H5	
K4	
S15	
H8	
H9	

Klemmenbezeichnung	Bedeutung
30	
31	
15	
49	
49a	

d) Markieren Sie farbig den Stromlauf der rechten vorderen Blinkleuchte.

e) Warum kann die Sicherung nicht defekt sein?

Suchen Sie durch **Messen mit dem Multimeter** den Fehler entweder in der Lampenfassung oder in der Zuleitung.

f) Zwischen welchen Klemmen müssen Sie messen, wenn Sie den Durchgang der Lampenfassung überprüfen?

g) Wie überprüfen sie, ob die Zuleitung zur Blinkerlampe geknickt oder unterbrochen ist?

Name:	Klasse:	Datum:	Blatt:

1. Gefahren durch den elektrischen Strom

Unwissenheit und **Leichtsinn** sind im Umgang mit dem elektrischen Strom die falschen Tugenden.

a) Beschreiben Sie die in der Tabelle dargestellten Gefahrensituationen.
b) Welcher gefährliche Stromfluss wird möglich?
c) Welche Schäden können daraus entstehen?

a) Gefahrensituation	**b)** gefährlicher Stromfluss	**c)** Schäden

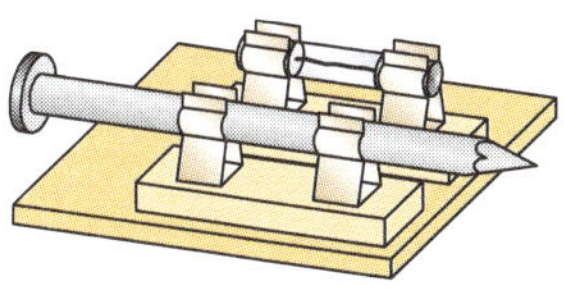		
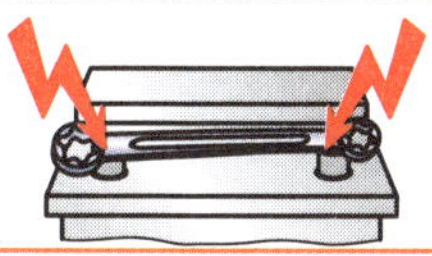		

2. Stromwirkungen auf den menschlichen Körper und Schutzmaßnahmen

a) Wie reagiert der Mensch auf elektrische Belastungen?

Belastungen		Wirkungen auf den Menschen
Wechselströme:	bis 25 mA	
	25 bis 80 mA	
	über 80 mA	

 **Gefährlich wird es ab** ____________________ **Spannung!** 

Technische Maßnahmen schützen uns vor zu hohen Berührungsspannungen.

b) Welche Schutzmaßnahme liegt vor?

Bildzeichen	Schutzmaßnahme
, PE	

FI	

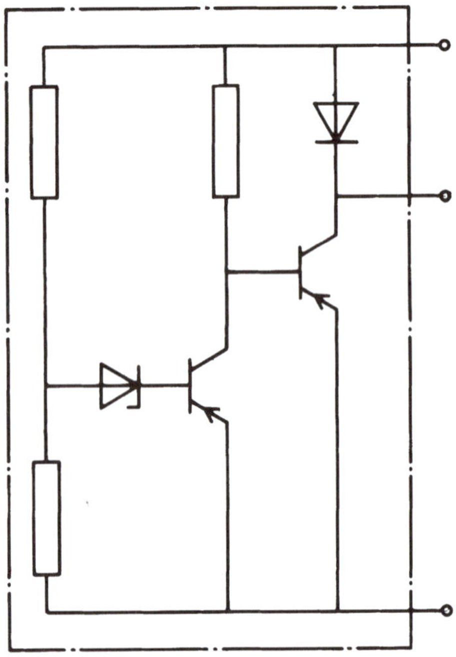

Elektronischer Regler für Drehstrom-Generator

a) Welche Art von Bauelementen sind für elektronische Schaltungen wesentlich?

b) Nennen Sie Beispiele für elektronische Schaltungen am Kraftfahrzeug

c) Weshalb werden immer mehr Funktionseinheiten im Fahrzeug über elektronische Schaltungen geregelt?

d) Vervollständigen Sie die Tabelle.

Schaltzeichen	**Halbleiter-Bauteil**	**Anwendungsbeispiele im Kfz**
	Diode	Gleichrichten des Generatorstromes
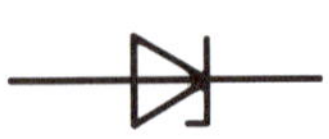		
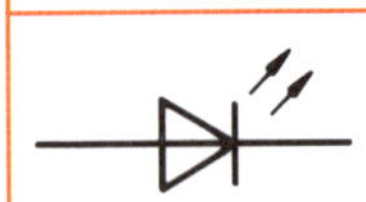		
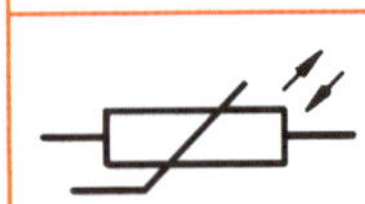		
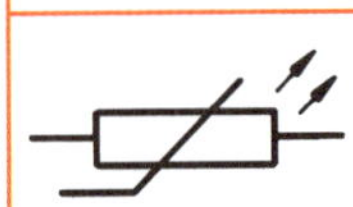		
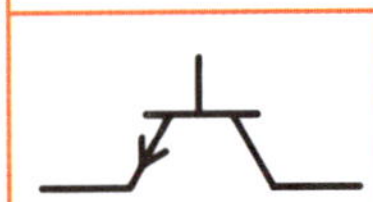		
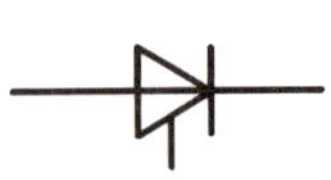		

Name: | Klasse: | Datum: | Blatt:

1. Heißleiter und Kaltleiter

a) Zeichnen Sie die Schaltsymbole.

b) Erklären Sie die Abkürzungen **NTC** bzw. **PTC**.

Heißleiter (NTC-Widerstand) Kaltleiter (PTC-Widerstand)

NTC =

PTC =

c) Beschreiben Sie die Eigenschaften der Widerstände.

NTC:

PTC:

d) Erklären Sie mithilfe der Eigenschaften der beiden Widerstände, warum man einen Kaltleiter (PTC) nicht als Messfühler verwenden kann.

2. Relais und Transistor im Vergleich

Im Kraftfahrzeug werden die hohen Arbeitsströme der elektrischen Verbraucher häufig über elektrisch betätigte Schalter und **Steuerstromkreise** mit *sehr kleinen Schaltströmen* geschaltet.

a) Welcher Schaltplan zeigt eine *Relaisschaltung*, welcher zeigt eine *Transistorschaltung* des Motors?

b) Kennzeichnen Sie jeweils die Steuerstrombahn rot und die Arbeitsstrombahn blau.

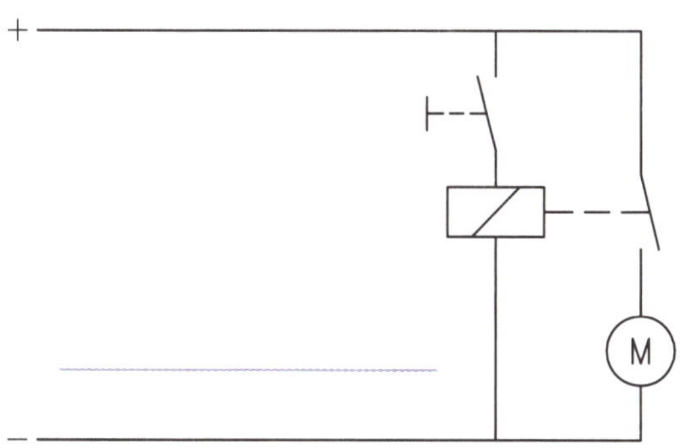

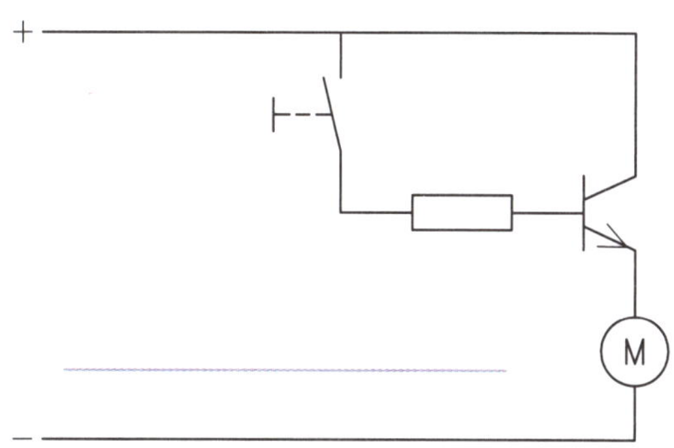

Der Transistor hat das Relais als Schalter weitgehend ersetzt.

c) Nennen Sie Vorteile der Transistorschaltung.

1. Fahren mit Tagfahrlicht

Viele europäische Länder, wie Österreich, Dänemark, Norwegen oder Schweden schreiben auch bei Tag das Fahren mit Licht vor. In Deutschland wird daran gearbeitet, die Taglichtvorschrift einzuführen.
Wenn man derzeit das Abblendlicht einschaltet, sind noch einige weitere – unnötige – Verbraucher aktiv.

a) Nennen Sie alle Leuchten und Lampen, die mit dem Abblendlicht geschaltet werden.

2. Schaltplan

Explosionszeichnung zum Bausatz für eine Nachrüstung

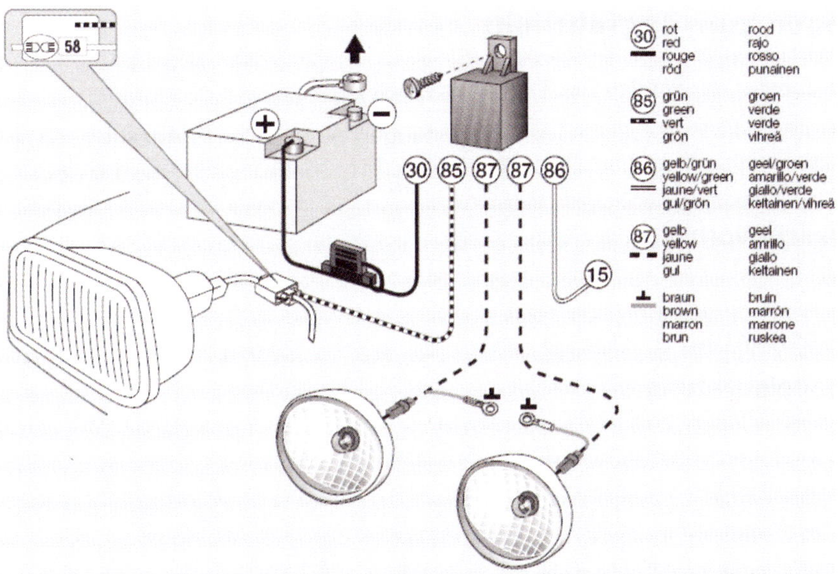

a) Ergänzen Sie den Schaltplan des Bausatzes für die Nachrüstung.
b) Geben Sie die Klemmenbezeichnungen und die Boschbezeichnungen richtig an.

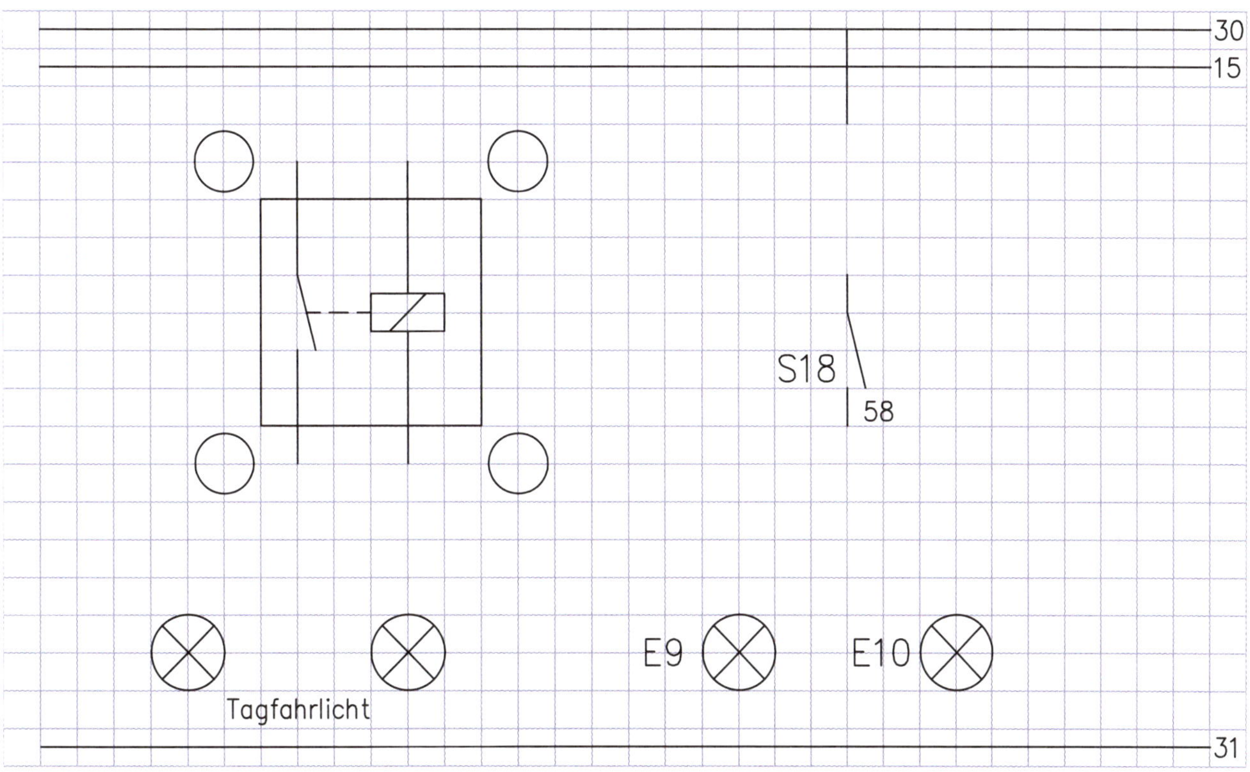

Elektrotechnische Systeme

c) Überlegen Sie, wie man erreichen kann, dass die Tagfahrlichter automatisch ausgehen, sobald der Fahrer das Standlicht oder das Fahrlicht einschaltet.

d) Erklären Sie die Funktion dieser Schaltung.

3. Berechnungen zum Tagfahrlicht

a) Ergänzen Sie die Tabelle. Verwenden Sie das Tabellenbuch.

Verbraucher	Leistung in W	Anzahl	Gesamtleistung in W
Abblendlicht	55	2	110
Begrenzungslicht vorn			
Schlusslicht			
Kennzeichenbeleuchtung			
Instrumentenbeleuchtung			
Summe			
Tagfahrlicht			

b) Wie viel elektrische Leistung wird durch den Einsatz des Tagfahrlichtes eingespart?

c) Wie viel Kraftstoff wird eingespart, wenn für 100 Watt pro 100 km ca. 0,2 Liter Kraftstoff benötigt wird.

d) Berechnen Sie die Gesamtersparnis in Liter für alle Fahrzeuge in Deutschland, wenn man folgende Daten zugrunde legt: 50 000 000 Kraftfahrzeuge, 15 000 km pro Jahr Tagfahrten.

Ges.:
Geg.:

Lös.:

Name: Klasse: Datum: Blatt:

Beim Rangieren eines Kraftfahrzeuges im Schiebebetrieb stellen Sie fest, dass sowohl die Lenkung als auch die Betriebsbremse sehr schwergängig funktionieren. Zur Steuerung von Lenkung und Bremse werden nur die Kräfte des Fahrers übertragen.

Bei laufendem Motor werden diese Vorgänge durch die Servoantriebe des Fahrzeugs unterstützt bzw. von Steuerantrieben vollständig übernommen. Beim Bremsen wird durch die Regelsysteme sogar das Blockieren der Räder verhindert oder ein schleuderndes Auto wieder stabilisiert.

Wie Steuer- und Regelsysteme funktionieren, bekommen Sie in diesem Kapitel vermittelt.

Steuer- und Regelsysteme

Erledigt:

Name:	Klasse:	Datum:	Blatt:

Steuerungen unterteilt man nach der Art der Energieübertragung in hydraulische, pneumatische, elektrische und mechanische Systeme. So wird z. B. bei der Betätigung der Betriebsbremse zuerst die Fußkraft pneumatisch verstärkt und weiterhin die hydraulische Steuerung der vier Radbremsen über ein Antiblockiersystem elektrisch geregelt.

Zur Darstellung dieser Steuerungstechniken werden Systemübersichten und Schaltpläne erstellt. Diese Unterlagen benötigen Sie zum Verständnis und zur Diagnose von Kfz-Steuerungen.

1. Systemübersicht

a) Was zeigt diese Darstellung und zu welcher Fahrzeug-Funktionseinheit (genaue Angabe) gehört diese Übersicht?

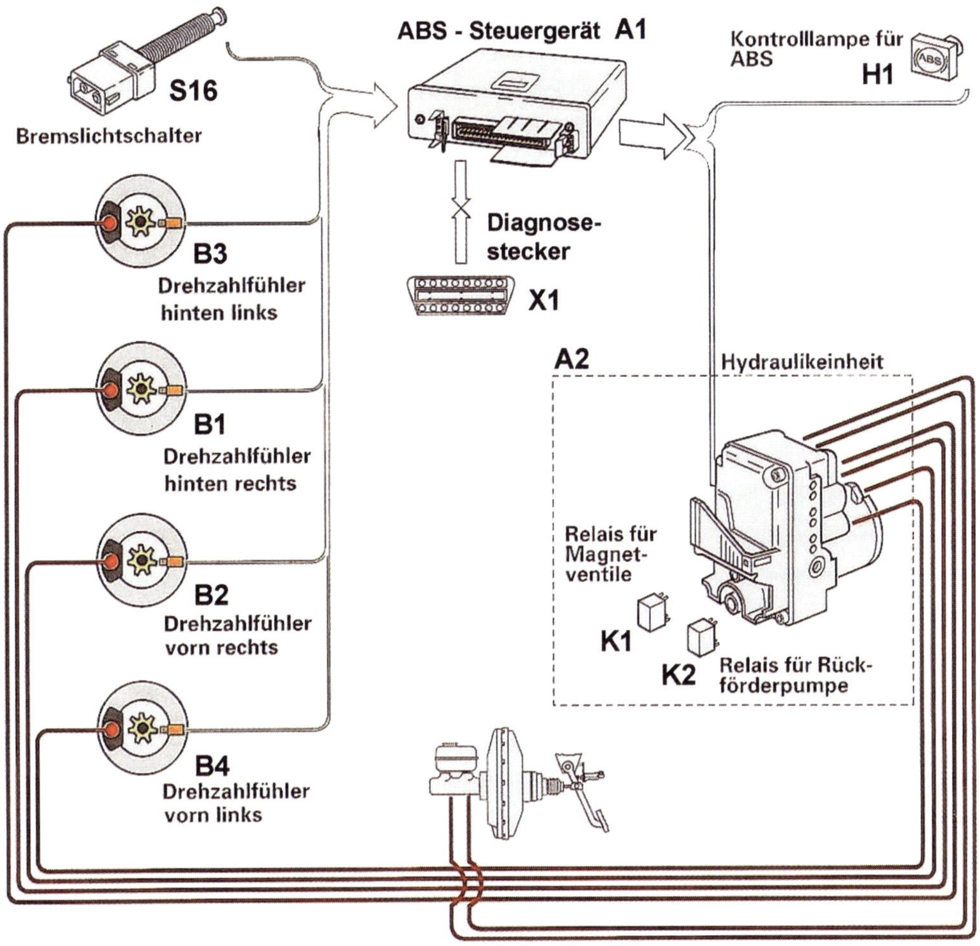

E	V	A
Informationen werden eingegeben	Informationen werden	Informationen werden
Eingabegeräte Signalglieder Sensoren		

b) Wo befinden sich die dargestellten Bauelemente am Bremsen-Schulungslehrstand/am Schulungsfahrzeug?

c) Zeichnen Sie in der Systemübersicht den Informationsfluss zum ABS-Steuergerät grün, den Informationsfluss aus dem Steuergerät blau.

d) Ergänzen Sie die Tabelle mit Fachbegriffen.

e) Wie erfolgt der Informationsfluss bei allen Steuerungen? Beschreiben Sie mit einem Fachbegriff.

2. Hydraulische und pneumatische Steuerung

a) Was zeigt der Plan zur ABS-Steuerung?

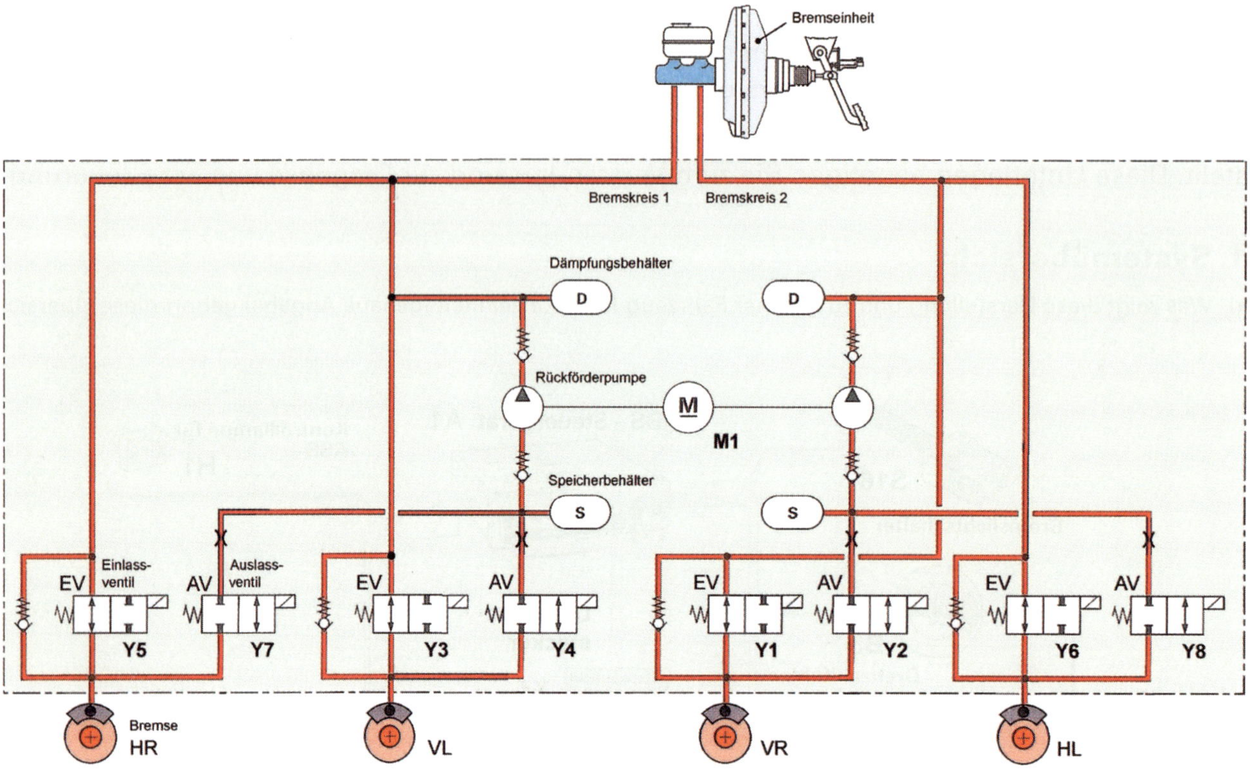

b) Wie funktioniert die hydraulische Steuerung? Benennen Sie die Vorgänge nach dem EVA-Prinzip.

E

V

A

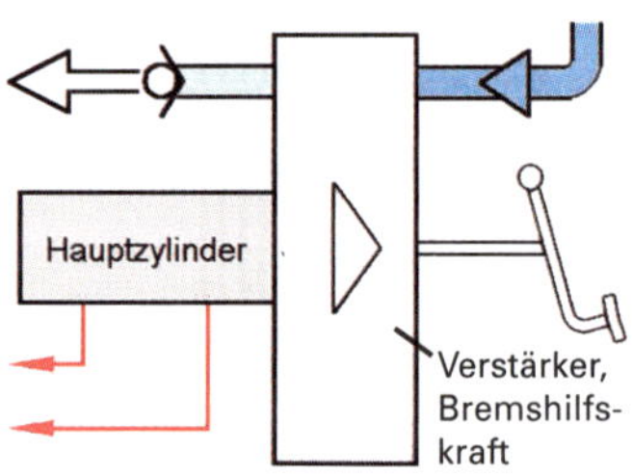

Bremskraftverstärkung in der Bremseinheit

c) Wie wird die Bremshilfskraft in der Bremseinheit gesteuert?

d) Weshalb werden in der Fahrzeugtechnik pneumatische Steuerungen auch mit Unterdrucktechnik betrieben?

In hydraulischen und pneumatischen Schaltplänen werden die gleichen Symbole verwendet. Unterschiedlich ist nur die Darstellung des Energiestromes.

e) Benennen bzw. zeichnen Sie die Schaltsymbole.

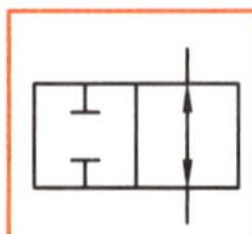	2 Anschlüsse 2 Schaltstellungen	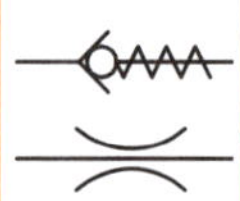	federbelastet		Hydrostrom Druckluftstrom
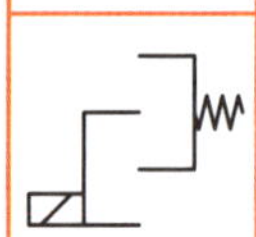	Betätigung durch ...	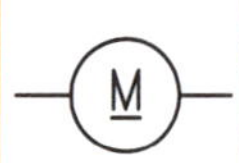			Hydropumpe
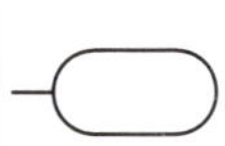		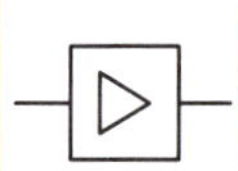			Kompressor

3. Elektrische Regelung der ABS-Bremse

a) Welche Art von Plan zur ABS-Bremse ist dargestellt?

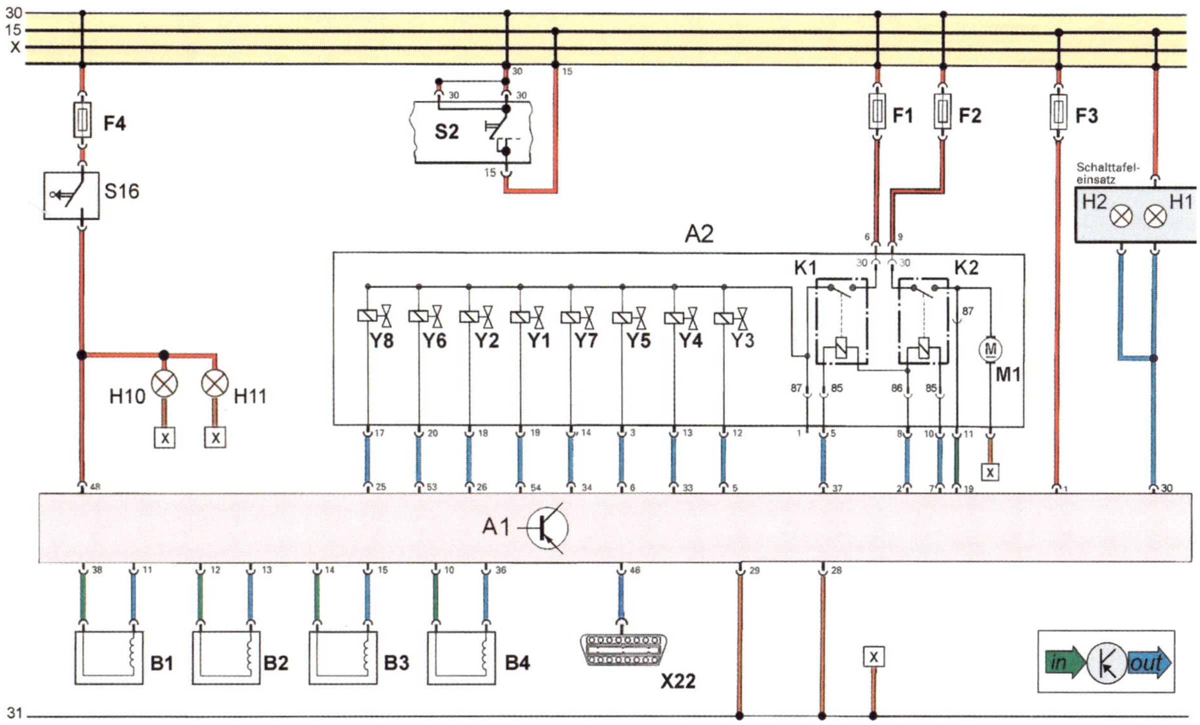

Farbcodierung:

Eingangssignal — Ausgangssignal — Plus — Masse

Bauteile:

A1	Steuergerät ABS	H2	Kontrolllampe Bremsflüssigkeit	M1	Rückförderpumpe ABS
A2	Hydraulikeinheit für ABS	H10	Lampe Bremslicht links	S2	Zündstartschalter
B1…4	Drehzahlfühler	H11	Lampe Bremslicht rechts	S16	Bremslichtschalter
F1…4	Sicherungen	K1	Relais Magnetventile	X22	Diagnose-Steckanschluss
H1	Kontrolllampe ABS	K2	Relais Rückförderpumpe	Y1…8	Magnetventile ABS

b) Verdeutlichen Sie im Schaltplan die Funktionselemente mit Farben:
- → Umrahmen Sie das ABS-Steuergerät in rot, die Hydraulikeinheit blau.
- → Übermalen Sie alle Eingabegeräte des ABS-Steuergerätes hellgrün und die Ausgabegeräte hellblau.
- → Markieren Sie die Sicherungsgehäuse in gelb.

d) Ordnen Sie die Bauteile der ABS-Regelung nach dem EVA-Prinzip.

Eingabe

Verarbeitung

Ausgabe

Die Kennzeichnung elektrischer Geräte erfolgt nach DIN 72 552 mit Kennbuchstaben und Zählziffern. In Herstellerunterlagen finden Sie aber auch von der Norm abweichende Gerätekennzeichnungen.

e) Wofür werden diese genormten Gerätekennbuchstaben verwendet?

A		**K**	
B		**M**	
F		**S**	
G		**X**	
H		**Y**	

Name: | Klasse: | Datum: | Blatt:

a) Vergleichen Sie die Steuerungssysteme: Hydraulik, Pneumatik, Elektrik.

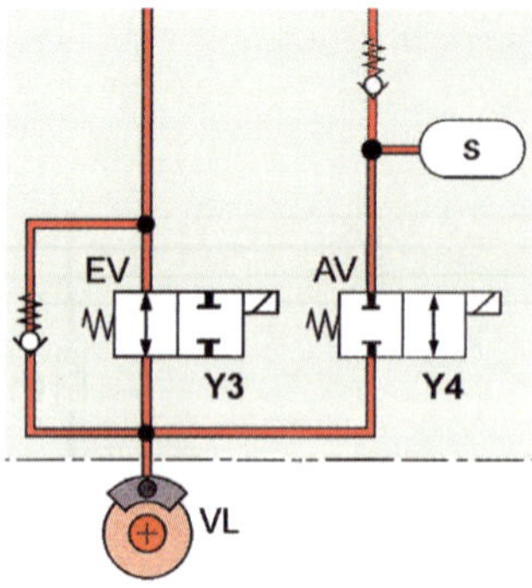

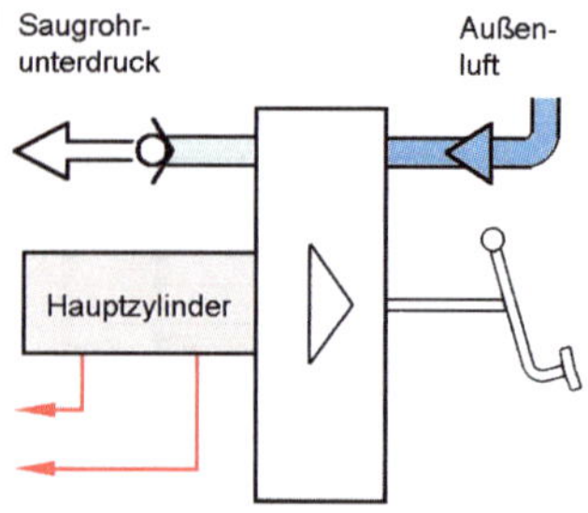

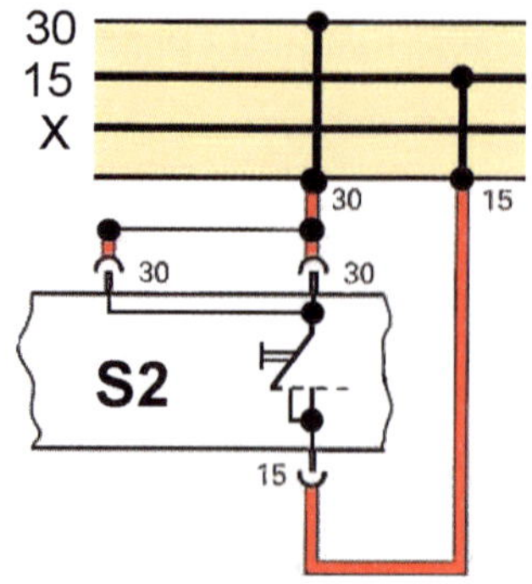

Steuerungsart

→ Erstellen Sie den Vergleich der Steuerungsarten mit der Tabellenfunktion eines Textverarbeitungsprogramms.

→ Gestaltungsvorschlag:

Steuerungsart			
Energieträger			
Aggregate zur Energiebereitstellung			
Bauteile zur Energieübertragung			
Anwendungsbeispiele im Fahrzeug			
Vorteile			
Nachteile			

→ Tabellenformatierung: Spaltenbreiten: 4 cm | 4,5 cm | 4,5 cm |4,5 cm

→ Kleben Sie Ihren Ausdruck hier ein.

→ Wenn Sie die Vergleichstabelle handschriftlich erstellen, verwenden Sie eine eigene Seite.

Mechanische Steuerungen sind vor allem einfach aufgebaut. In modernen Fahrzeugen wird reine Mechanik bei Steuerungen nur noch bedingt verwendet.

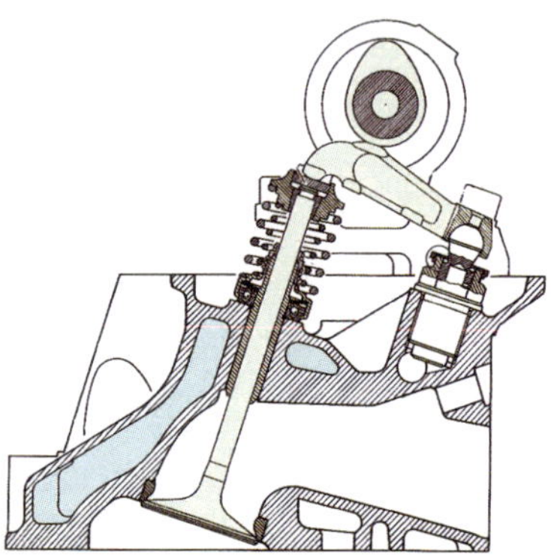

b) Nennen Sie wesentliche Nachteile mechanischer Steuerungen.

c) Wo werden im KFZ mechanische Steuerungen verwendet?

Name: Klasse: Datum: Blatt:

Die Temperatur des Innenraums eines Kraftfahrzeugs soll den Wünschen der Insassen angepasst sein. Dazu gibt es zwei verschiedene Möglichkeiten.

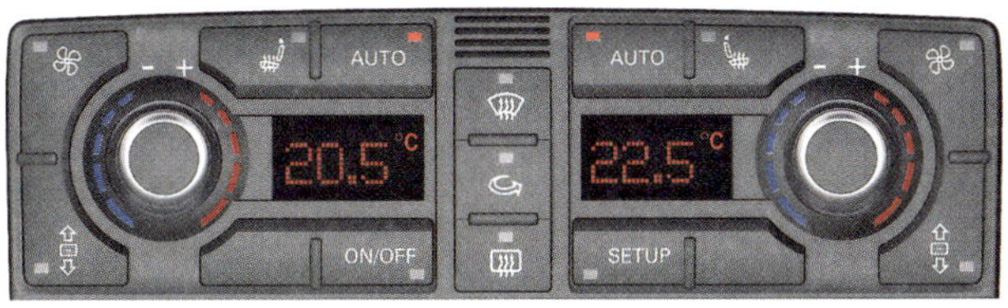

a) Benennen Sie die beiden Systeme:

b) Vergleichen Sie, was bei den beiden dargestellten Schalterstellungen im Fahrzeuginnenraum geschieht.

c) Wodurch unterscheiden sich die Systeme, wenn plötzlich die Sonne auf die Fahrzeuge scheint?

d) Die oben beschriebenen Vorgänge lassen sich in Blockschaltbildern darstellen.

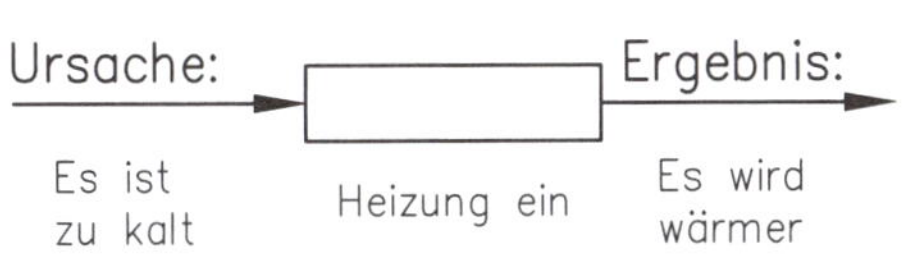

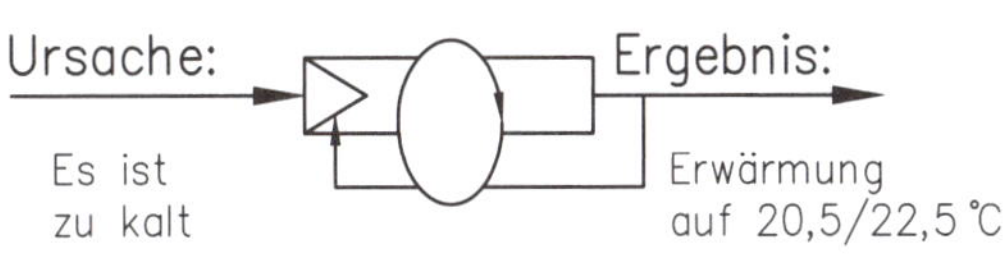

e) Wie lauten die Fachausdrücke für diese beiden Systeme?

f) Erklären Sie allgemein, wodurch sich Steuerungen von Regelungen unterscheiden.

g) Nennen Sie weitere Beispiele für Steuerungen und Regelungen im Kfz.

Steuer- und Regelsysteme

h) Tragen Sie am dargestellten Beispiel einer hydraulischen Scheibenbremsanlage folgende Benennungen für die Bauteile ein:
Bremsbeläge, Bremskraftverstärker, Bremsscheibe, Bremspedal, Hauptbremszylinder, Bremsleitung.

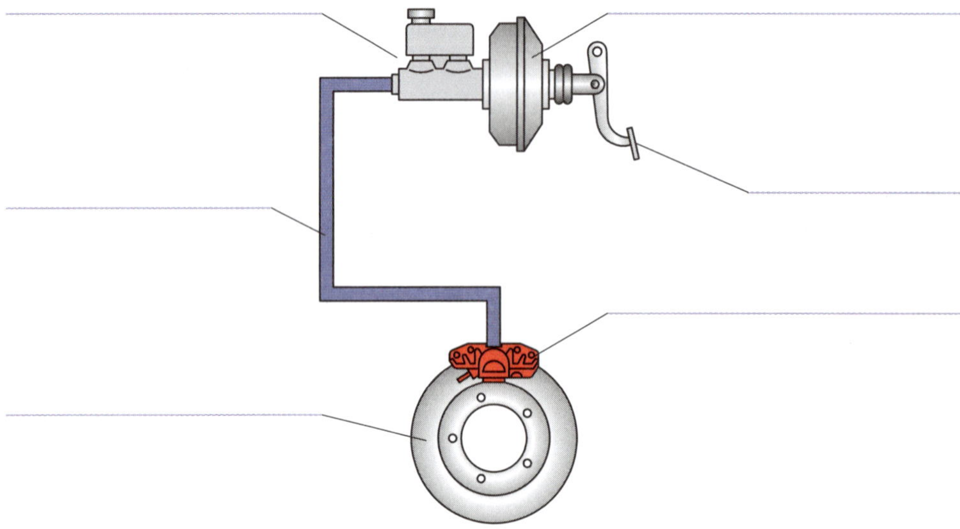

i) Die Bremsanlage ist ein Beispiel für eine Steuerkette. Übertragen Sie die abgebildete Steuerkette auf ein A4-Blatt im Querformat und ordnen Sie die folgenden Begriffe aus der Steuerungstechnik zu:
Stellglied, Steuerkette, Stellgröße y, Führungsgröße w, Steuereinrichtung, Arbeitsglied, Signalglied, Steuerstrecke, Aufgabengröße x_A, Steuerglied.

Fahrer bremst	Bremspedal	Bremskraft-verstärker	Haupt-zylinder	Hydraulik-druck	Radzylinder	Bremskraft

j) Die Bremsanlage mit ABS wird in einem Regelkreis dargestellt. Nennen Sie den Vorteil, den eine Regelung gegenüber einer Steuerung hat.

k) Erarbeiten Sie in kleinen Gruppen ein Regelkreismodell nach dem Beispiel der Steuerkette (s. Aufgabe i) und stellen es anschließend mit einer Folie der Klasse vor.

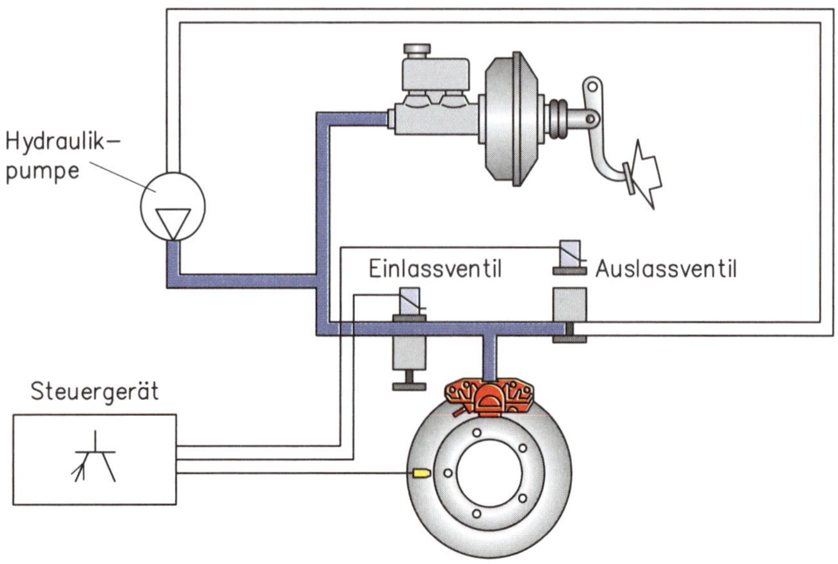

Sensoren, Aktoren und Steuersignale

LERN FELD 1 2 3

Name: | Klasse: | Datum: | Blatt:

Sensoren sind Bauteile, die physikalische Größen aufnehmen und als Messsignal weiterleiten. Aktoren sind Bauteile, welche die Signale der Steuerung bzw. Regler ausführen.

a) Ordnen Sie den dargestellten Sensoren und Aktoren zu: *Einlassventil, Auslassventil, Nockenwelle, Zündkerze, Motortemperaturfühler, Drehzahl-Induktionsgeber, Einspritzventil, Lambda-Sonde, Einspritzventil*

b) Kennzeichnen Sie die Sensoren gelb und die Aktoren rot.

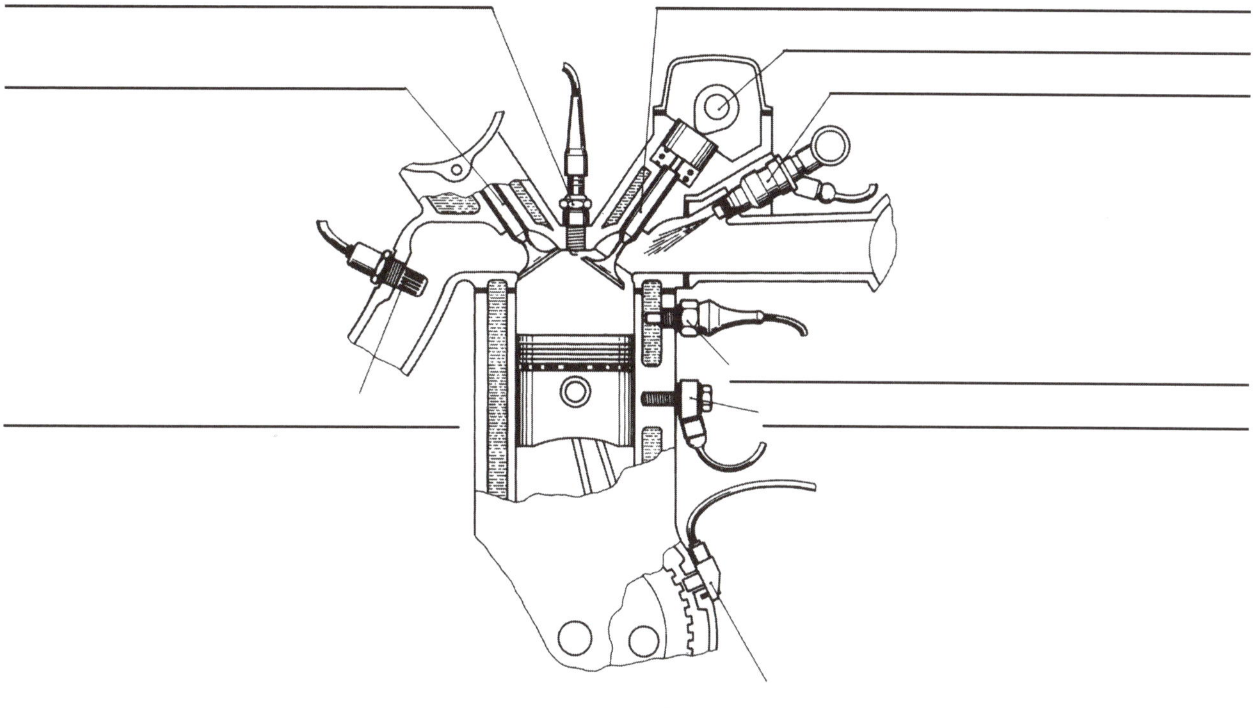

1. Elektrische Schalter

Schalter sind Signalglieder. Sie unterscheiden sich hinsichtlich ihrer Schaltfunktion und Betätigung.

a) Benennen Sie die Symbole der elektrischen Schalter genau mit Angabe der Betätigungsart.

2. Steuersignale

Schalter und Messsensoren liefern als Ausgangsinformation ein elektrisches Signal.

a) Zeichnen Sie zu den Sensoren die Schaltsymbole.

b) Messen Sie die Sensorsignale (elektrische Spannung) mit einem Oszilloskop und skizzieren Sie den Signalverlauf.

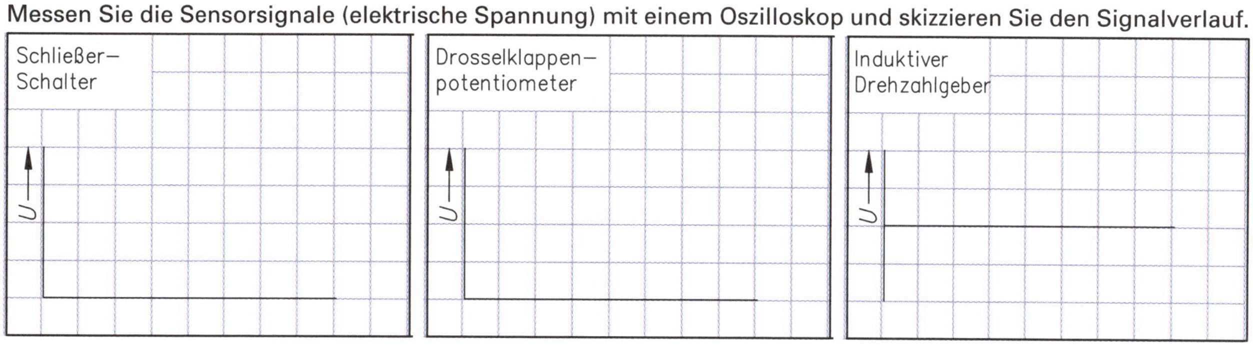

3. Steuersignale einer Zündungs- und Einspritzsteuerung

a) Klären Sie den Unterschied zwischen den Signalformen: **binär, digital, analog** und ordnen Sie im Schema zu.

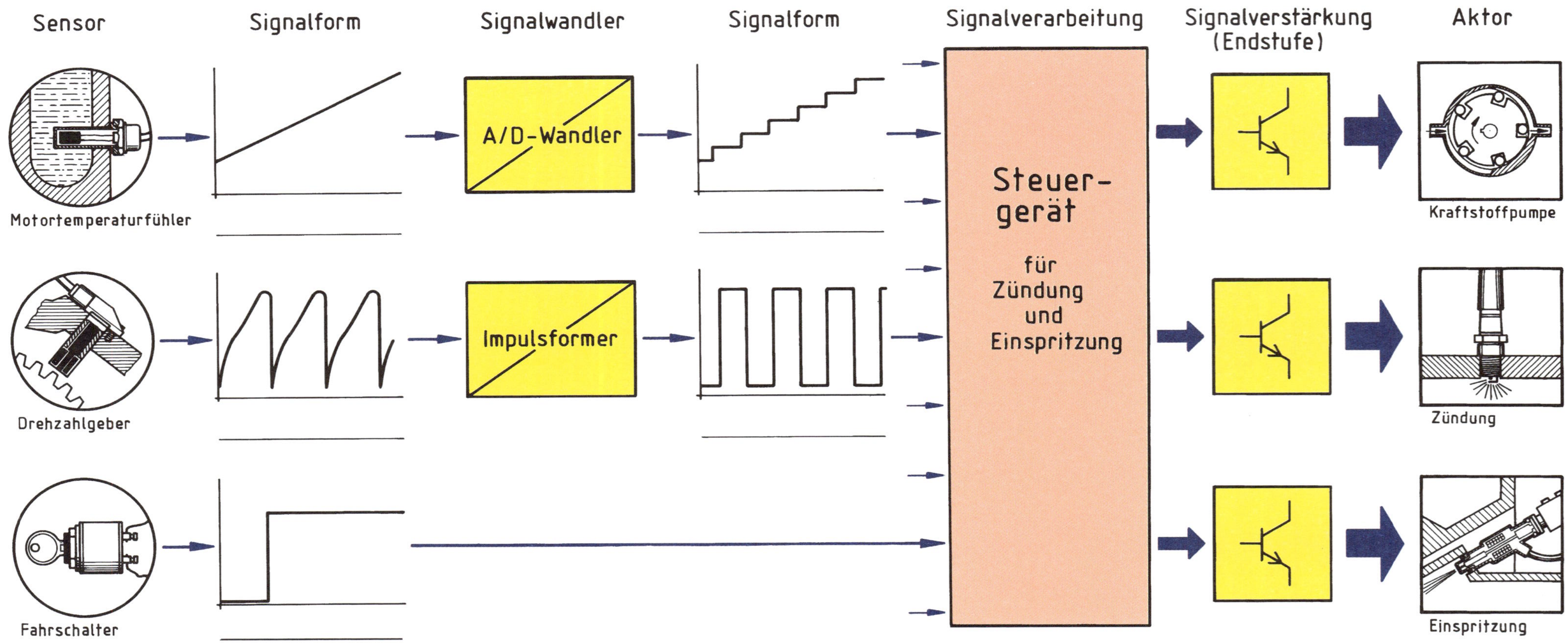

b) Beschreiben Sie die Aufgaben des …

A/D-Wandlers:

Impulsformers:

c) Weshalb müssen die Sensorsignale gewandelt werden?

d) Was geschieht in der Endstufe?

Name: Klasse: Datum: Blatt:

Ein Kundenfahrzeug kommt in die Werkstatt. Der Besitzer hat festgestellt, dass die Kontrolllampe des ABS-Systems nicht mehr ausgeht. Er bittet Sie, ihm als Laien das System kurz zu erklären.

a) Stellen Sie das ABS-System nach dem EVA-Prinzip auf einer A4-Seite im Querformat dar. Die Systemübersicht S. 123 und der elektrische Anschlussplan S. 125 sollen Ihnen dabei helfen. Geben Sie in Stichpunkten die Aufgaben von Raddrehzahlsensor, Steuergerät, Kontrolllampe und Hydraulikeinheit an.

Leider ist es nicht möglich, den Fehlerspeicher des Kundenfahrzeugs auszulesen. Der Meister vermutet den Fehler an einem der Raddrehzahlsensoren. Sie sollen nun den Sensor überprüfen, der bei der Sichtprüfung den schlechtesten Zustand aufweist. Sie werden sich zuerst über induktive Raddrehzahlsensoren informieren.

b) Beschriften Sie die Bauteile des Induktivgebers in der Skizze mit den Begriffen *Magnet, Antriebswelle, Spule, Rotor, Steckverbinder, Achsmanschette*.

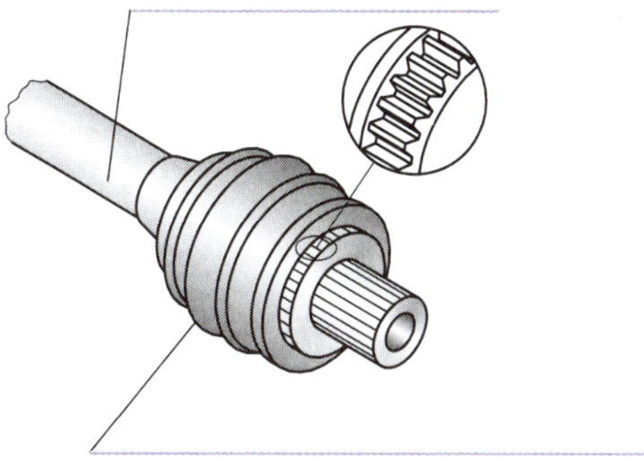

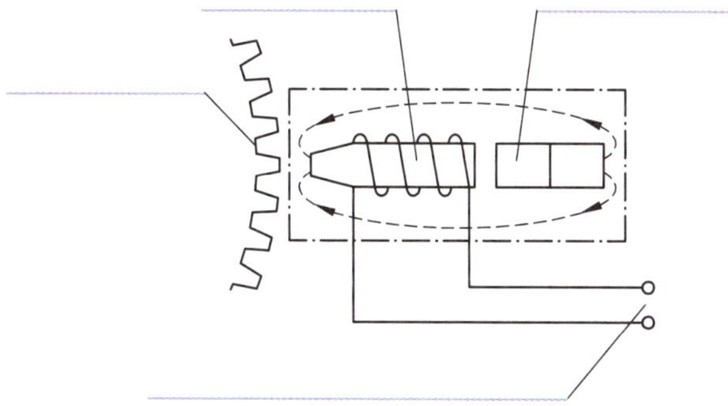

c) Erklären Sie, wie das Signal zustande kommt. Lesen Sie dazu in Ihrem Fachtheoriebuch über **Induktion** nach.

d) Zeichnen Sie das Signal eines intakten Induktivgebers in die Tabelle ein.

e) Klären Sie mithilfe des Fachtheoriebuches, wovon die Höhe der induzierten Spannung in einem Induktivgeber abhängt.

f) Überlegen Sie sich mithilfe des Bildes und den Ergebnissen von Aufgabe e) wie es zu verfälschten oder fehlenden Signalen kommen kann.

Der Geber soll überprüft werden. Dies soll noch ohne Diagnosecomputer geschehen. Zur Verfügung stehen nur das Multimeter und ein Oszilloskop. Überlegen Sie, was man damit alles prüfen und messen kann.

g) Tragen Sie die Messgeräte und die zu messenden Größen in die Tabelle ein. Überlegen Sie sich, wo man die Messwerte am besten aufnehmen kann.

Messgerät	Messgröße	Messwert	Messpunkte
	Widerstandsmessung		
	Widerstandsmessung		
	Spannungsmessung		
	Spannungsverlauf		

h) Führen Sie die Messungen an einem Schulungsfahrzeug in der Werkstatt durch. Die notwendigen Sollwerte und Messpunkte entnehmen Sie dem Werkstatthandbuch oder einem geeigneten Programm wie der ESItronic.

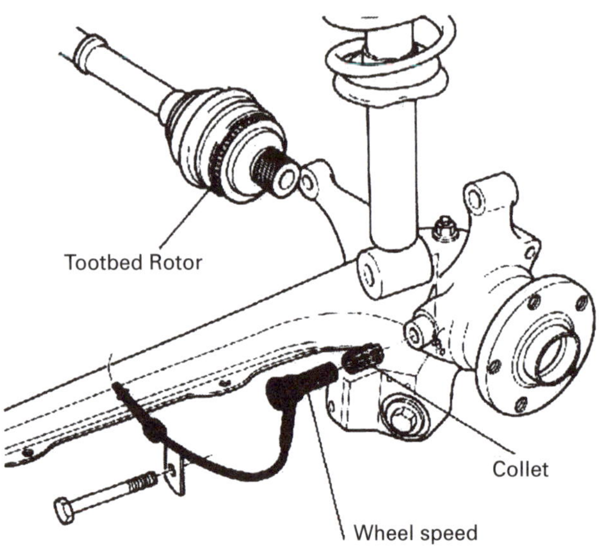

i) Planen Sie am Schulungsfahrzeug den Ausbau eines Raddrehzahlsensors anhand der vorhandenen Unterlagen und der baulichen Gegebenheiten des Fahrzeugs.

j) Demontieren Sie einen Raddrehzahlsensor des Fahrzeugs. Überprüfen und verbessern Sie Ihren Demontageplan. Schreiben Sie ihn anschließend in tabellarischer Form mit einem Textverarbeitungsprogramm.

k) Übersetzen Sie die englischen Fachbegriffe und benennen die übrigen Bauteile **(Stoßdämpfer, Feder, Radnabe, Antriebswelle, Schraube, Mutter, Hinterachse)** fachgerecht in englischer Sprache.

Name: Klasse: Datum: Blatt:

1. Pneumatische Anlage

a) Nennen Sie Beispiele für pneumatische Steuerungen (Druckluftsteuerungen) in Nutzfahrzeugen.

b) Ordnen Sie zu: *Ansaugfilter, Druckluftbehälter, Verdichter, Überdruckventil, Entwässerung, Zylinder, Wartungseinheit, Wegeventil, Abluft.*

c) Ergänzen Sie die Bezugslinien zu den Schaltsymbolen.

Schematische Darstellung | Schaltplandarstellung

Druckluftbereitstellung:

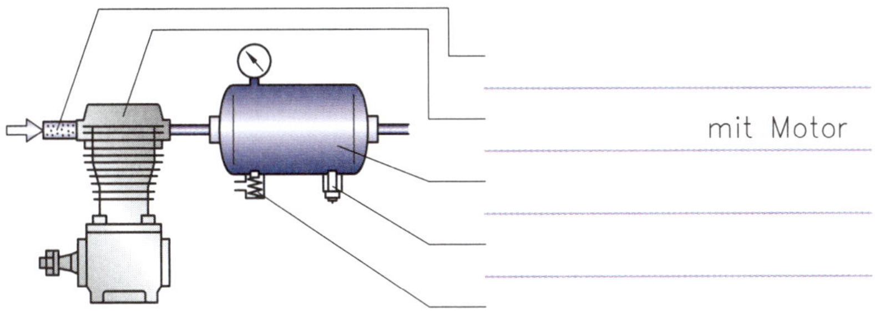

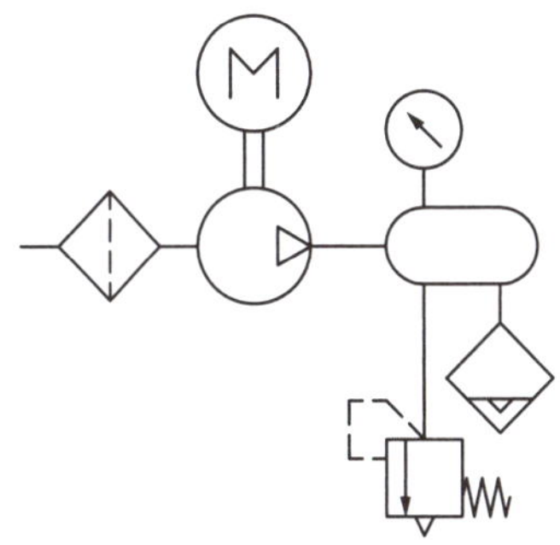

Druckluftanwendung:

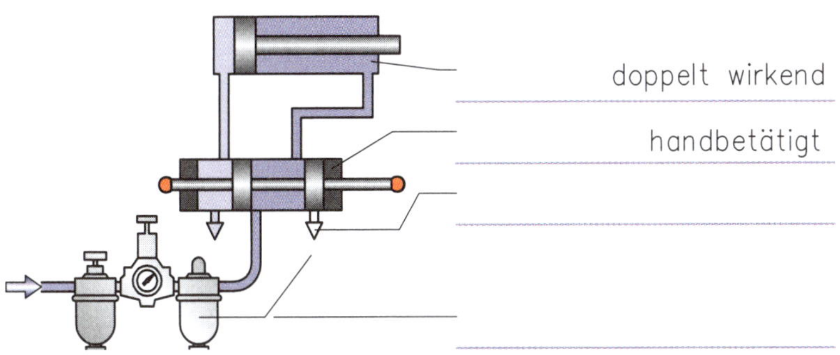

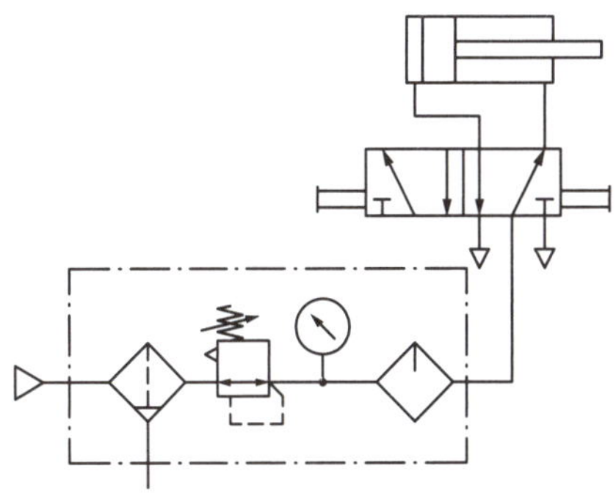

Schaltpläne zeigen die Bauelemente unbetätigt und in ihrer Ausgangsstellung.

d) Informieren Sie sich zur Symbolik für Wegeventile. Zeichnen Sie (nur zur Veranschaulichung!) die Zylindersteuerung in betätigter Stellung:

→ Vereinfachtes Schaltsymbol für die Aufbereitungseinheit
→ Wegeventil in Schaltstellung verschoben
→ Zylinder ausgefahren

Pneumatische Anlagen benötigen als Energieträger aufbereitete Druckluft.

e) Benennen Sie die Verdichterbauarten zur Druckluft-erzeugung.

f) Nennen Sie Eigenschaften der Verdichterbauarten.

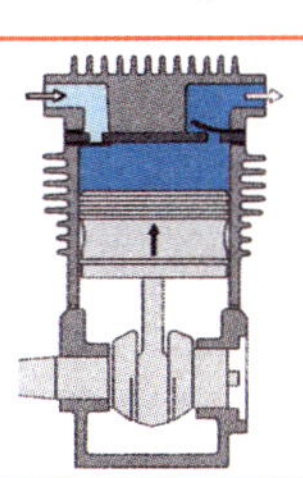

Eigenschaften:

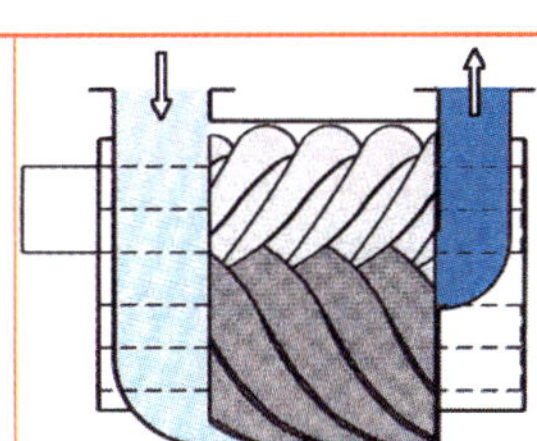

Eigenschaften:

g) Weshalb muss verdichtete Luft entwässert werden?

h) Druckluft muss trocken sein, eventuell auch zusätzlich getrocknet werden. Nennen Sie mögliche Störungen.

i) Benennen Sie zur Aufbereitungseinheit die Baugruppen und geben Sie die Aufgaben an.

Symbol	Benennung	Aufgabe der Baugruppe
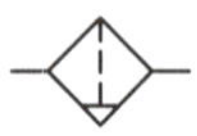		
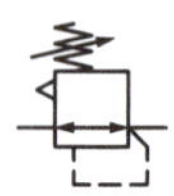		

j) Nennen Sie Gründe, warum moderne Druckluftanlagen ölfrei und ohne Öler (Ölnebelschmierung) arbeiten.

2. Hydraulische Anlage

Hydraulische Anlagen verwenden Öle oder Bremsflüssigkeit als Energieträger.

a) Nennen Sie Beispiele für Hydrauliksteuerungen in Fahrzeugen.

b) Ergänzen Sie die Schaltsymbole zur Hydraulikanlage. Das Symbol für das Wegeventil hat drei Schaltstellungen und vier Anschlüsse. Das Symbol zeigt nur einen Rücklaufanschluss, denn die beiden Rückleitungen sind im Ventil verbunden. In der mittleren Schaltstellung des Wegeventils werden alle Anschlüsse gesperrt und der Zylinder blockiert.

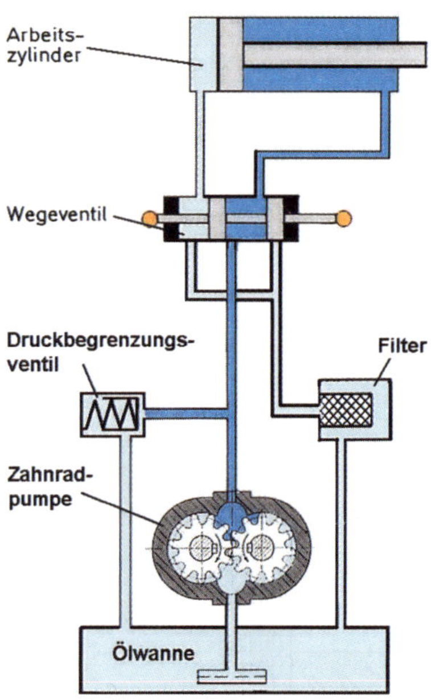

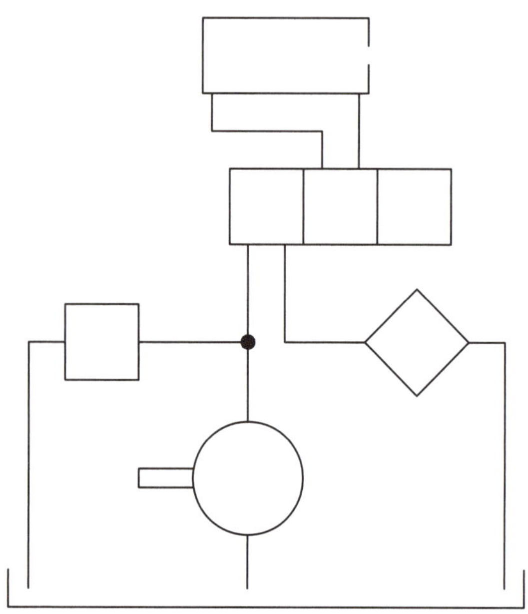

c) Hydraulikflüssigkeiten lassen sich nicht zusammendrücken. Beschreiben Sie dies mit einem Fachbegriff.

Name: Klasse: Datum: Blatt:

1. Zylinder als Arbeitsglieder

a) Zeichnen Sie die Schaltsymbole und benennen Sie die beiden grundlegenden Zylinderbauarten.

b) Nennen Sie wesentliche Eigenschaften der Zylinderbauarten.

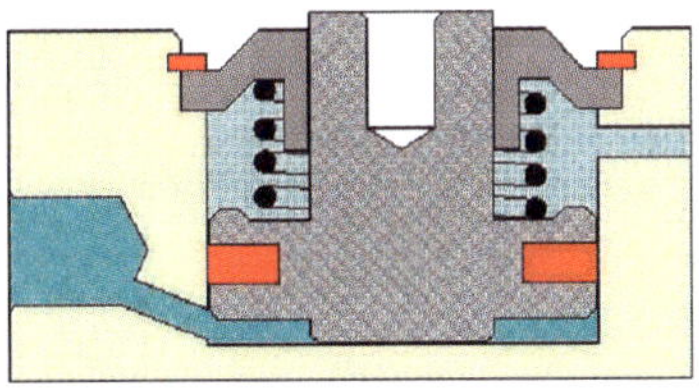

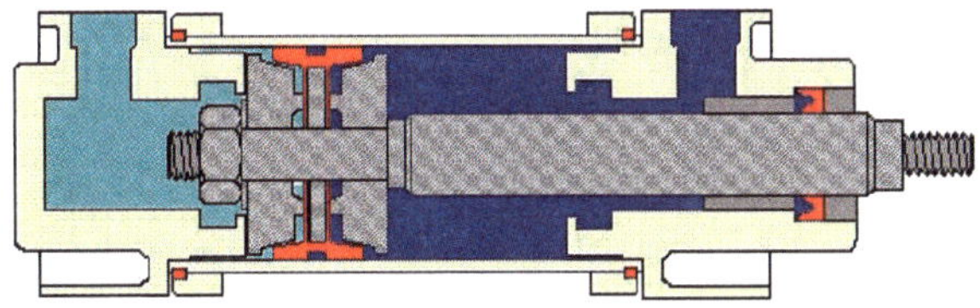

mit Federrückstellung

Eigenschaften:

Eigenschaften:

c) Informieren Sie sich im Buch zur Bauart der Radbremszylinder und zeichnen Sie die hydraulischen Schaltpläne.

Trommelbremse Simplex-Bremse

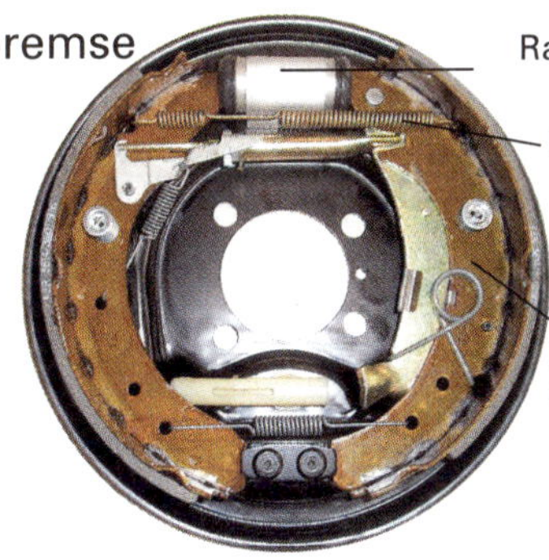

Scheibenbremse mit 4 Radzylindern

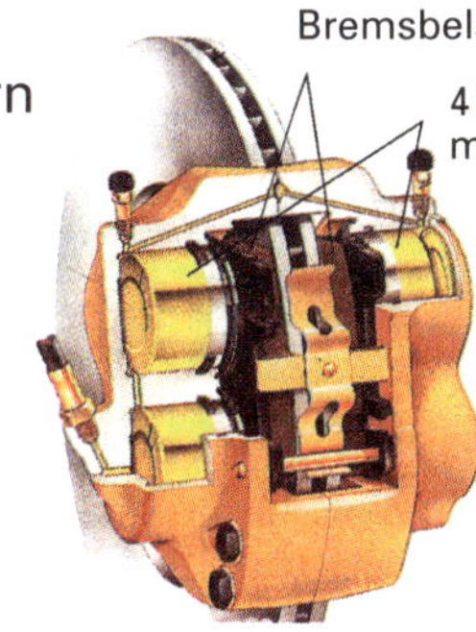

2. Ventile als Signal, Steuer- und Stellglieder

a) Unterscheiden Sie vier Ventilarten und benennen Sie die dargestellten Beispiele.

Ventilart	Aufgaben	Beispiel mit Benennung
	Die Durchflussrichtung wird geöffnet, gesperrt oder verändert.	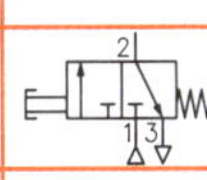
	Der Durchfluss wird nur in eine Richtung freigegeben.	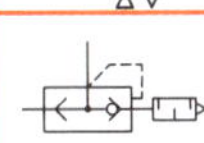
	Die Durchflussmenge wird verringert oder ist einstellbar.	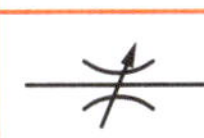
	Druck begrenzen, Druck konstant halten oder druckabhängig schalten.	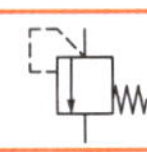

Steuer- und Regelsysteme

Eine ABS-geregelte Radbremse ermöglicht für jedes Rad die optimale Bremskraft. Hierzu schaltet das Steuergerät für jedes Rad gesondert die Magnetventile. Es gibt drei Regelphasen:

Druck aufbauen Wird in der Bremseinheit Druck erzeugt, so wird dieser durch das in der Grundstellung geöffnete Wegeventil direkt in die Radbremszylinder geleitet. Die Radzylinder fahren aus und bremsen. Dieser Normalbetrieb ist ungeregelt. Die Regelventile haben keine Funktion.

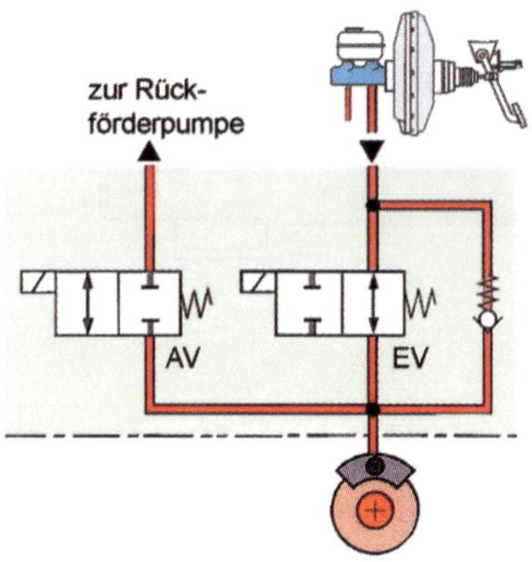

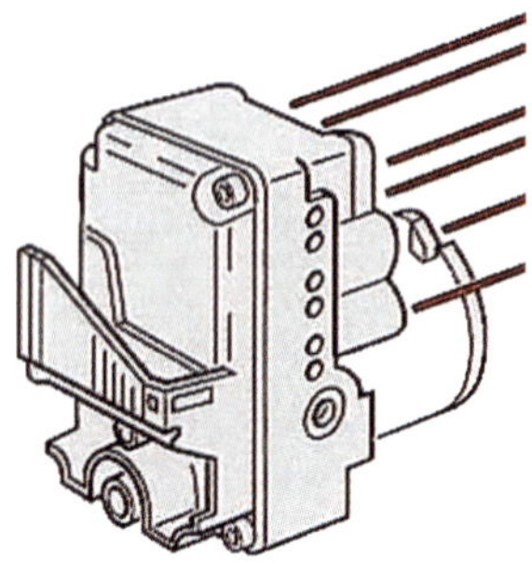

Hydraulikeinheit mit…

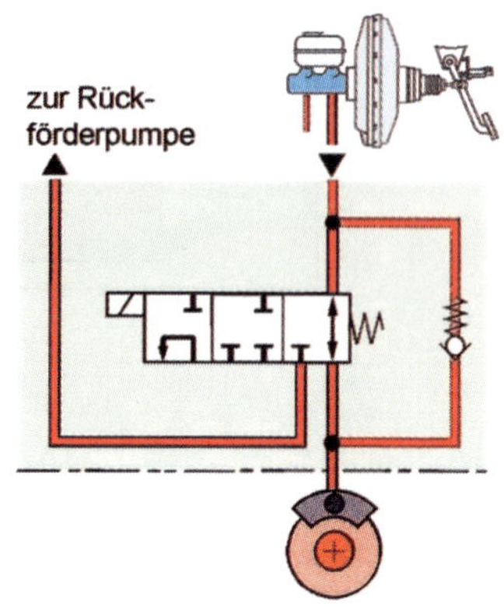

Druck halten Die ABS-Regelung unterbindet durch Ansteuern der magnetisch betätigten Wegeventile einen weiteren Druckaufbau im ausgefahrenen Radzylinder.

Druck abbauen Die ABS-Regelung steuert die Magnetventile kurzzeitig so an, dass der Druck im Radzylinder abgebaut wird (Zylinder bleiben ausgefahren).

b) Die Hydraulikeinheit der ABS-Bremse kann mit unterschiedlichen Wegeventilen ausgestattet sein. Bezeichnen Sie die dargestellten Ventile fachgerecht nach der Anzahl der Anschlüsse/Schaltstellungen (z.B. 5/3-Wegeventil).

c) Wie sehen die Hydraulikschaltungen in den Regelphasen aus? Stellen Sie die Wegeventile und die Radzylinder symbolisch in der momentanen Stellung dar (Schaltstellungen veranschaulichen, es sind keine Schaltpläne!).

Hydraulische Bremse

1. Kraftfluss

Drückt man mit dem Fuß auf das Bremspedal, so wird der Kolben im Hauptbremszylinder bewegt. Mit der Fußkraft erzeugt man im Hauptbremszylinder einen Druck in der Bremsflüssigkeit. Dieser hydraulische Druck wird über die Bremsleitungen an die Radzylinder übertragen und erzeugt dort die Kraft zur Betätigung der Bremsen. **Informieren Sie sich im Fachtheoriebuch.**

a) Skizzieren Sie mit **roten Pfeilen und Linien den Kraftfluss**, wie er durch die Bremseinheit führt.

- Beginnen Sie mit einem Pfeil für die Fußkraft F_P, der senkrecht auf dem Bremspedal steht.
- Führen Sie eine Freihandlinie bis zur Kolbenstange und skizzieren Sie den Kraftpfeil der Kolbenstange F_{HZ}.
- Führen Sie die Freihandlinie durch den Unterdruck-Bremskraftverstärker zum Hauptbremszylinder und den Bremsleitungen.

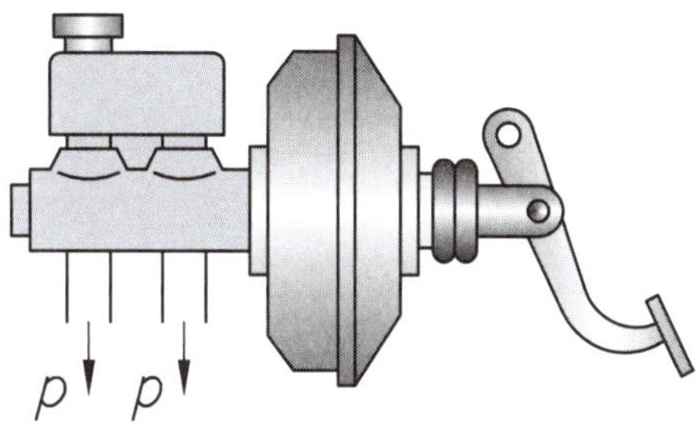

Die Berechnungen an der Bremse erfordern mehrere Rechenschritte.

Hinweise zur Lösung der Teilaufgaben:

- Informieren Sie sich zu jedem Berechnungsthema vorab ausführlich in Ihren Fachbüchern.
- Gewinnen Sie Sicherheit durch Training. Im Rechenbuch finden Sie themenbezogene Übungsaufgaben.
- Messen Sie alle nötigen Größen für die Bremsenberechnung am Originalbauteil oder am Schulungsfahrzeug.

2. Hebelberechnung am Fußpedal

a) **Markieren Sie rot den Drehpunkt** des einseitigen Hebels an der Fußbremse.

b) **Zeichnen Sie** die wirksamen Hebelarme und Kräfte ein.

c) Mit welcher Fußkraft bremsen Sie? **Messen Sie Ihre Fußkraft mit einer Personenwaage.**

d) Berechnen Sie mit dem Hebelgesetz die Kolbenstangenkraft.

c)

Ges.:

Geg.:

Lös.:

Steuer- und Regelsysteme

3. Kraft- und Druckberechnungen an der hydraulischen Bremse

Der Unterdruck-Bremskraftverstärker erhöht die **Kolbenstangenkraft** F_{HZ} zur **verstärkten Kolbenstangenkraft** F_{HZV} (oder Druckstangenkraft) im **Verhältnis 1 : 2,2**.

a) Berechnen Sie die **verstärkte Kolbenstangenkraft** F_{HZV}, wenn Sie obiges Verhältnis zugrunde legen.

Ges.:

Geg.:

Lös.:

b) Wie groß ist der Druck im Hauptbremszylinder?

→ Finden Sie den entsprechenden **Zylinderdurchmesser selbst heraus**.

→ Fertigen Sie zuerst eine Skizze an.

Ges.:

Geg.:

Lös.:

c) Welche **Spannkraft** erhalten Sie an den **Radzylinderkolben** F_{RZ}?

→ Finden Sie den entsprechenden **Zylinderdurchmesser am Radzylinderkolben selbst heraus**.

→ Fertigen Sie zuerst eine Skizze an.

Ges.:

Geg.:

Lös.:

Das Öffnen und Schließen von Bustüren erfolgt mit Druckluftantrieben.
Damit Sie die pneumatische Steuerungstechnik schrittweise kennen lernen, werden Sie am Beispiel Bustürbetätigung Schaltungen planen und aufbauen. Wir beginnen mit sehr einfachen, pneumatischen Grundschaltungen.
Zur Erstellung und Simulation der Schaltpläne wird die Pneumatik-Software *FluidSIM-P* verwendet. Die praktische Erprobung der Schaltungen erfolgt an einem Pneumatik-Steckbrett.

1. Direkte Steuerung

Bei der direkten Steuerung wird der Zylinder unmittelbar von einem Wegeventil (Stellglied) gesteuert.

Plan 1: Direkte Steuerung der Bustür mit einem einfachwirkenden Zylinder

Eine Knickbustür wird von einem ausfahrenden Druckluftzylinder geöffnet und mittels Federkraft geschlossen. Zum Öffnen und Schließen betätigt der Fahrer einen Druckschalter.

a) Erklären Sie die Schaltzeichen genau.

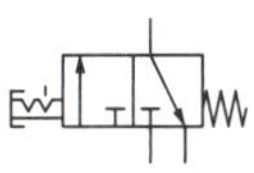

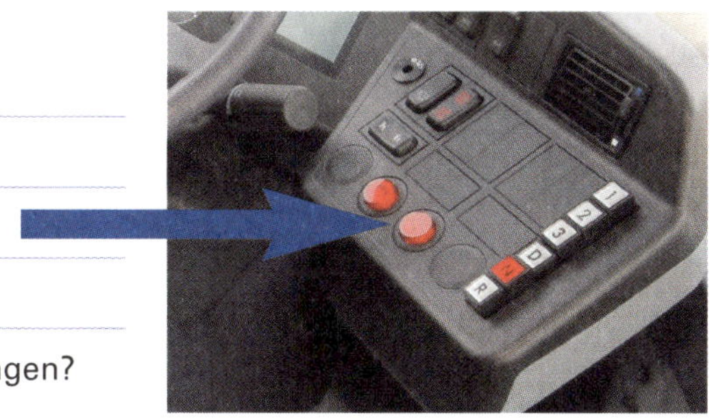

b) Welche Bedeutung haben die Geräte- und Anschlusskennzeichnungen?

1A1 →

1V1 →

1 →

2, 4 →

3, 5 →

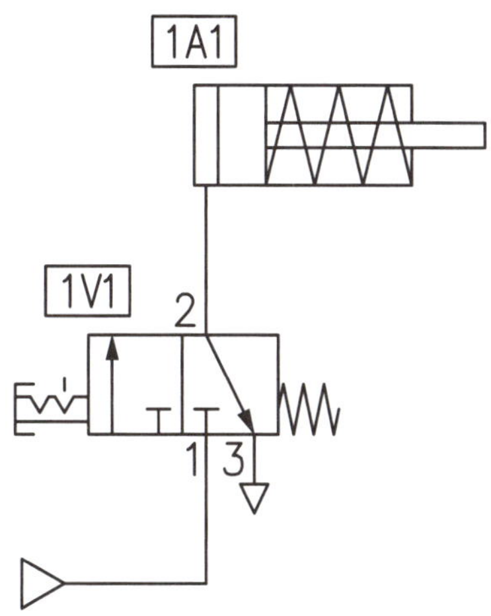

c) Erstellen Sie den vorgegebenen Schaltplan in FluidSIM:
- → Öffnen Sie in *FluidSIM-P* eine neue Datei.
- → Ziehen Sie mit der Maus die benötigten Bauteile (drag und drop) aus der Bibliothek auf das Zeichenblatt.
- → Informieren Sie sich in *FluidSIM-P* über den Menüpunkt Didaktik zu den verwendeten Bauelementen.
- → Konfigurieren Sie die Ventilbetätigung und den Entlüftungsanschluss durch Anklicken mit der rechten Maustaste/Eigenschaften.
- → Zeichnen Sie die Leitungen durch Anklicken eines Anschlusses und Ziehen mit der Maus.
- → Aktivieren Sie den Symbolschalter „Start“ ▶ und simulieren Sie die Schaltungsfunktion.

d) Erstellen und testen Sie die Schaltung am Pneumatik-Steckbrett. Verwenden Sie ein schalterbetätigtes Stellventil.

e) Weshalb ist die direkte Steuerung für eine Bustür weniger geeignet?

Steuer- und Regelsysteme

2. Drosselung der Zylinderbewegung

Durch Drosselung verhindert man schlagartige Zylinderbewegungen, sie werden verlangsamt.

Plan 2: Direkte Steuerung mit einem doppeltwirkenden Zylinder und Drosselung

a) Die Bustür wir besser von einem doppeltwirkenden Zylinder betätigt. Planen Sie in *FluidSIM-P* die direkte Steuerung über je ein 3/2-Wegeventil für das Öffnen und Schließen. In die Zuleitung setzen Sie vorerst ein einfaches Drosselventil.

b) Verändern Sie den Drosselgrad (Anklicken/Eigenschaften) und beobachten Sie die Bewegungssimulation.

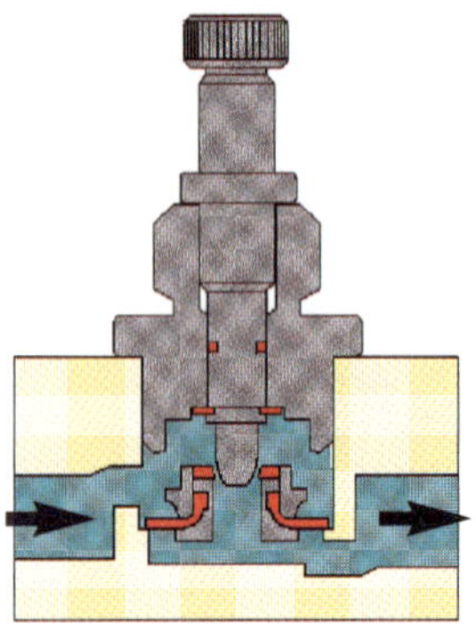

c) Überprüfen Sie am Pneumatik-Steckbrett. Wie wirkt eine zunehmende Drosselung?

d) Was verursacht eine starke Zuluftdrosselung? Beobachten Sie.

e) Zuluftdrosselung vermeidet man durch Drosselrückschlagventile. Informieren Sie sich in *FluidSIM-P*: Schaltsymbol anklicken/Didaktik/Komponentenbeschreibung.

f) Planen und testen Sie diese Zylindersteuerung mit Drosselrückschlagventilen.

g) Was ist beim Einbau der Drosselrückschlagventile zu beachten?

h) Was geschieht, wenn beide Ventile gleichzeitig betätigt werden (Signalüberschneidung!)? Begründen Sie.

3. Indirekte Steuerung

Bei der indirekten Steuerung wird der Zylinder über ein 5/2-Wegeventil und kurze Druckluftleitungen versorgt. Das Stellventil an der Tür steuert der Fahrer indirekt über 3/2-Wegeventile und dünne Steuerleitungen.

Plan 3: Indirekte Steuerung der Bustür mit einem Signallied

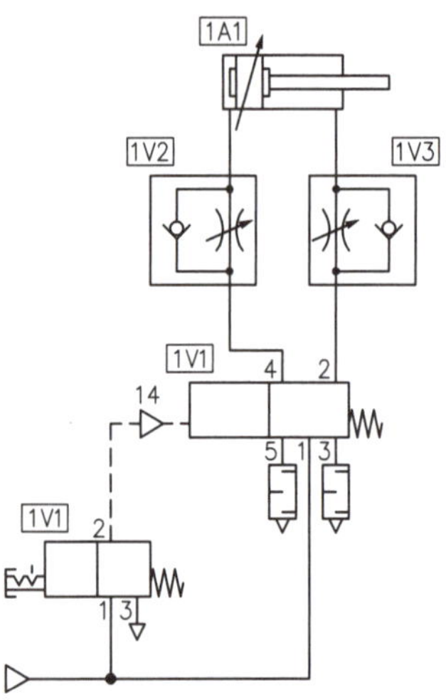

Im Schaltplan werden die Bauelemente systematisch geordnet nach: Versorgungsgliedern, Signalgliedern, Stellgliedern, Steuergliedern und Antriebsgliedern in Energieflussrichtung von unten nach oben angeordnet. Gleichartige Bauglieder werden von links nach rechts gezeichnet.

a) Ordnen Sie im Schaltplan die Fachbegriffe für die systematische Gliederung zu.

b) Ergänzen Sie die Schaltsymbole der Wegeventile.

c) Markieren Sie die Arbeitsleitungen rot, die Steuerleitungen blau.

Plan 4: Indirekte Steuerung der Bustür mit Impulsventil und Drosselung

a) Erstellen Sie einen Schaltplan für die Zylindersteuerung mit zwei 3/2-Wegeventilen und einstellbarer Drosselung. Überprüfen Sie die Steuerungsfunktion durch Simulieren in FluidSIM.

b) Weshalb reichen zur Steuerung kurzzeitige Tastersignale? Was geschieht bei einer Signalüberschneidung? Antworten Sie auf dem Schaltplan.

c) Testen Sie diese Schaltung am Steckbrett.

d) Präsentieren Sie Ihren ausführlich beschrifteten Plan zusammen mit Ihrem Schaltungsaufbau.

1. Elektropneumatische Zylindersteuerung

Bei elektropneumatischen Steuerungen wird ein pneumatischer Leistungsteil mit einem elektrischen Signalsteuerteil kombiniert. Die Darstellung hybrider Systeme erfolgt in zwei Plänen.

Plan 5: Elektropneumatische Steuerung der Bustür

Für die elektropneumatische Türsteuerung wird der pneumatische Zylinder über ein Türventil indirekt gesteuert. Die Steuersignale für das Türventil werden elektrisch über einen Druckschalter und ein Relais zur Signalverstärkung gegeben.

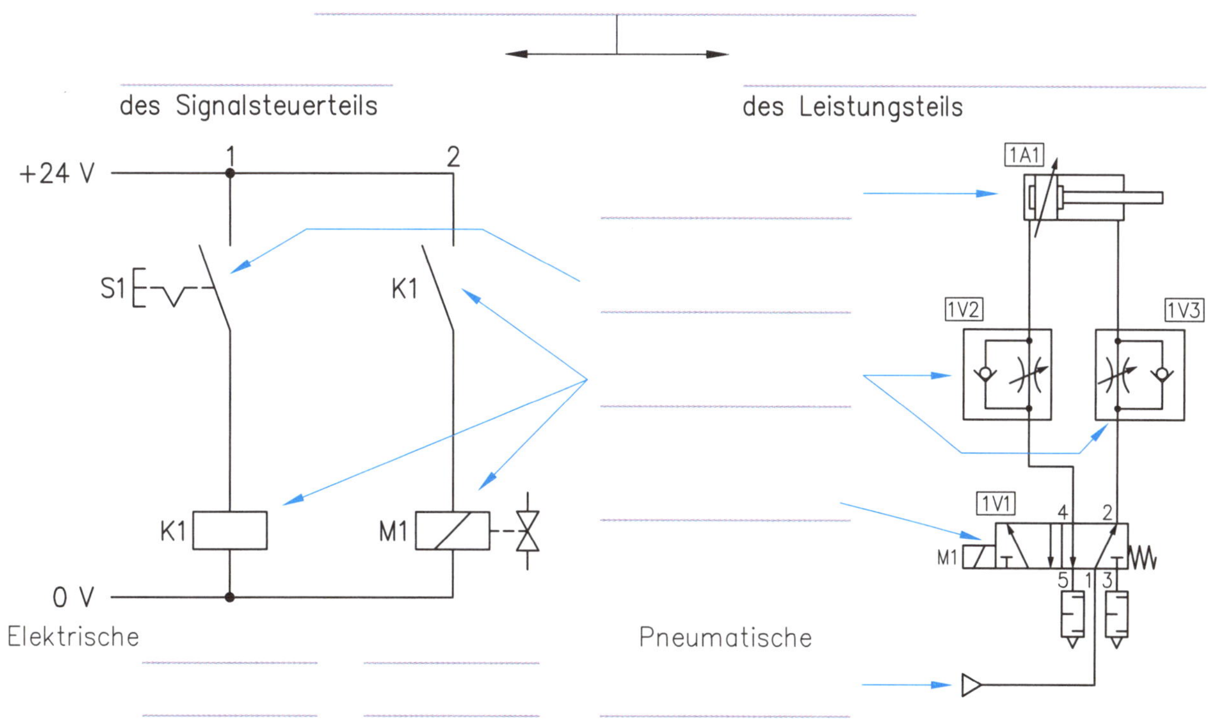

a) Setzen Sie die Überschriften: *Elektropneumatischer Schaltplan, Stromlaufplan, Pneumatischer Schaltplan.*

b) Ordnen Sie zu: *Versorgung, Signalglied, Steuerglieder, Stellglied, Antrieb; im Stromlaufplan: Signaleingabe, Signalausgabe.*

c) Verdeutlichen Sie die Wirkverbindung zwischen Relais und seinem Schaltkontakt durch eine orange Pfeillinie. Verbinden Sie ebenso die Magnetventildarstellung im Stromlaufplan mit der im pneumatischen Schaltplan.

d) Welchen Hauptvorteil hat eine elektropneumatische Steuerung der Bustür?

e) Welche Aufgabe übernimmt das Relais K1 zwischen dem Schalter S1 und der Spule M1 des Magnetventils 1V1 ?

f) Erstellen Sie den vorgegebenen Stromlaufplan und den pneumatischen Schaltplan in FluidSIM. Testen Sie die Schaltung im Simulationsmodus.

→ Zwischen dem Relais K1 und seinem Schaltkontakt K1 besteht eine Wirkverbindung, ebenso zwischen dem Magnetventil M1 im Stromlaufplan und der Spule M1 am Stellglied im pneumatischen Schaltplan.
Für die Schaltungssimulation im Computerprogramm müssen diese Elemente mittels Marken verknüpft werden: Element anklicken/Eigenschaft/Gerätekennung als Marke eintragen.

g) Bauen Sie die elektropneumatsiche Schaltung am Steckbrett auf.

Plan 6: Elektropneumatische Steuerung der Bustür mit zwei Tastern

Die Türsteuerung mit Impuls-Türventil und zwei Signalgliedern nach Plan 4 wird über zwei elektrische Taster mit Relaisverstärkung elektropneumatisch ausgeführt.

a) Ändern Sie in *FluidSIM* den Plan 4 für eine elektropneumatische Steuerung und simulieren Sie die Funktion.
- → Informieren Sie sich zu elektropneumatischen Schaltplänen in *FluidSIM*/Didaktik/Lehrfilm ...
- → Im Pneumatikplan ist der Signalsteuerteil zu löschen. Der Stromlaufplan ist neu zu erstellen.

b) Bauen Sie diese elektropneumatische Schaltung am Steckbrett auf und testen Sie die Funktion.

c) Präsentieren Sie Ihren ausführlich beschrifteten Steuerungsplan 6 und Ihren Schaltungsaufbau.

2. Rechnergesteuerte Bustürsteuerung

Wegen der zahlreichen benötigten Bedienungsvarianten werden die Türen moderner Omnibusse rechnergesteuert. Über das Steuergerät können auch die sehr hohen Sicherheitsanforderungen steuerungstechnisch umgesetzt werden. Das gilt vor allem hinsichtlich ...
- → des Einklemmens von Personen und Gegenständen,
- → der Vermeidung von schlagartigen Türbewegungen bei der Wiederbelüftung der Zylinder nach einer vorausgegangenen Kraftlosschaltung.

Systemübersicht Modulares Türsteuersystem MTS

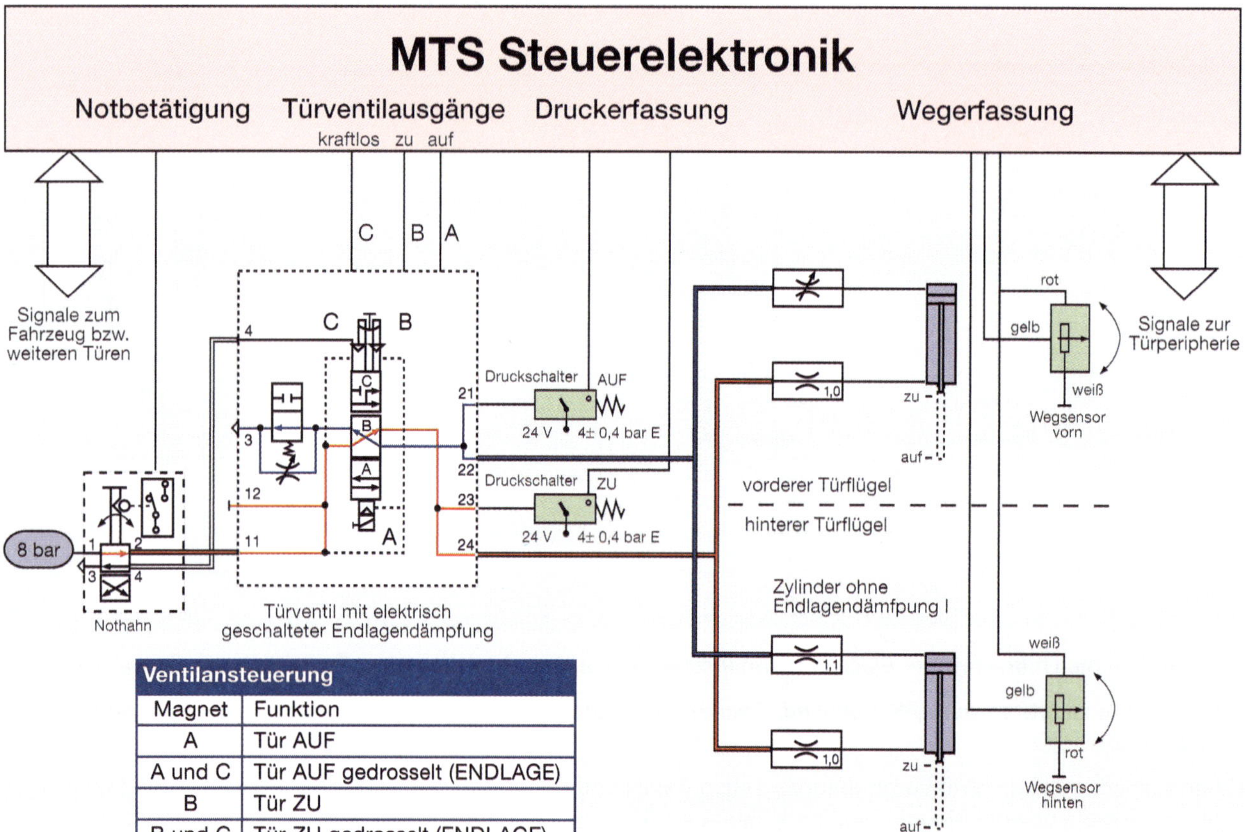

Ventilansteuerung	
Magnet	Funktion
A	Tür AUF
A und C	Tür AUF gedrosselt (ENDLAGE)
B	Tür ZU
B und C	Tür ZU gedrosselt (ENDLAGE)
C	Tür KRAFTLOS

a) Welche Zylinderart zeigt die Systemübersicht?

b) Welche Ventilart dient als Stellglied im Türventil?

c) Wie erkennt die Steuerung, dass eine Person/ein Gegenstand eingeklemmt wird? Beschreiben Sie die technische Funktion.
- → Aktuelle Information zum MTS-Türsteuersystem finden Sie auf der Homepage der Fa. WABCO: www.wabco.info/intl/en/index.html → dort nach MTS suchen (Broschüren sind auch auf der DVD)
- → Arbeiten Sie zuerst mit dem englischsprachigen Prospekt: MTS – Modular Door Control. Übersetzen Sie unbekannte Fachbegriffe mit einem Lexikon.